U0321866

轻松享受

# 美味轻断食餐

萝瑞娜 著

辽宁科学技术出版社
·沈阳·

推荐序

　　能吃又能瘦是很多人的梦想，越吃越瘦更是大家梦寐以求的奇迹！

　　能吃的人有福了，想瘦的人机会来了，萝瑞娜独家设计、亲身体验的70道轻断食美味料理，带着我们一起好好吃，慢慢瘦，这个夏天一定要过得清清爽爽！（摩拳擦掌进厨房）

《奈大婶变XS小姐》作者
奈奈

## 推荐序

　　在临床工作这段时间，我接触到许多想要减肥的人，大家每次来门诊咨询，都会说："营养师，我要减肥，你就开一份菜单给我，我照着你开的吃就好。"也有很多人告诉我她看了坊间许许多多的减肥书、瘦身食谱，心里总想着："书里写的真是对的吗？"同时也会说："食谱好难，我真的要照着做才行吗？"

　　我想我的病人大概都会很失望，因为当要求我开一份菜单给他时，我却告诉他："我没有菜单，我只能告诉你该怎么吃。"因为在营养师的观念里，教你如何吃，比告诉你吃什么更重要。我想我的病人大概也很惊讶，因为每当他们问我市面上哪本书值得买、值得看时，我都会说："看看就好。"

　　在决定参与这本书的企划时，主要是抱着想要告诉大家正确减肥观念的想法，等实际看过书稿内容后，也真的很喜欢萝瑞娜的想法以及食谱的设计。只要搭配这本书的食谱或菜单，减肥一点也不难，知道自己一天能吃多少热量后，为自己选择或烹调适当的食物，这样就可以轻松减肥无负担喽。

　　很棒的一本书，我想我之后在门诊时，就可以回复大家关于减肥菜单的询问，请参考萝瑞娜的食谱吧。

营养师　林郁茹

作者序

2014年年初，因为看到好友的分享，开始对5：2轻断食有了初步的了解及认识，见他分享过几次轻断食的食谱及心得后，我在心里便产生了一股想要跟进执行的冲动。

坦白地说，从小成长在爱以"聚餐吃喝"来维系情感的大家庭里，大啖美食一直以来都是我犒赏与安慰自己的方式。加上以前运动量大、肌肉结实且体脂肪低，总以为自己吃不胖（或胖了很容易瘦回来），洒脱地把"减肥是明天的事"挂在嘴边。

但在生了3个小孩之后，开始担心身材再也回不去，更对自己的健康状况不甚满意（睡眠品质不好、愈睡愈累、容易疲累生病、肌肉流失、橘皮组织严重……），于是立誓开始断食。当决定要实施轻断食前，没有减肥实战经验的我（更准确的说法是从来没有真正下定决心和有毅力坚持减肥行动），心里其实存在着许多担心和焦虑。一方面害怕挨不过"饥饿"感，会不会跪在自家冰箱前举白旗投降；另一方面，又觉得为了健康，而舍弃生活中最美好的部分是否纯属自虐。但是已经豁出去在博客中向大家宣示要瘦回生小比（我家的大男孩）前的体重，再加上已持续运动了快3个月不见成效，只能抱着破釜沉舟的决心，放手一搏。

虽想减肥，却不想从此清汤蔬果度日，于是便花了些时间研究食材的热量与营养成分，并重新认识所谓真正的"好食物"。

接着，便是设计自己的专用食谱。因为从小就是吃货，即便是轻断食餐也一定要兼顾赏心悦目及美味，才不会觉得这是自虐。第一次执行后的感觉说实话让人感到很意外，在整个过程中，身体不断地发出信息告诉我要喝水，于是一整天下来，摄取的水分较平时多出许多（平时我喝的水应该都不足量），但也没有那种饿到令人抓狂的感觉。

也许是我挑了一种最容易入门的方式——维持午晚餐进食（中午摄取约300千卡，晚餐摄取约200千卡），加上菜式也是自己喜欢又方便做的，像是汤面、烘蛋、稀饭，以及利用百吃不腻的印度咖喱和韩国泡菜。几次下来，就连来瑞典度假的萝老爸和老妈都忍不住说："不是在轻断食？怎么还吃这么好？下次跟着你一起吃看看好了"。而我自己也很享受轻断食后全身轻盈、放松的感觉，甚至会不自主地期待下一次的断食日。

连续一个月执行的成果，除了体重下降6千克，气色和精神也跟着变好，甚至有朋友说我看起来比以前更年轻。而胖的时候总会落入不想照镜子、不喜欢拍照、穿着愈来愈宽松，且不想打扮的恶性循环，一不小心就往大婶路线迈进。现在，那些原本很喜欢，就算穿不下也硬要带来瑞典、又苦苦等不到瘦下来才能穿上的衣服，在我执行轻断食之后已经能轻轻松松地套上了，让我重新找回年轻时美好自信的自己。

　　虽然暑假之后，因为忙着搬家及整理而中断了轻断食，但体重仍始终维持在瘦下来的千克数，直到圣诞节、新年、农历过年一连串为期两个多月的大吃大喝，体重才终告失守。不过，有了之前的经验，知道如何有效并健康地瘦下来，所以并没有经历3次怀孕生产肥胖后自暴自弃的情绪出现，而是马上恢复轻断食的习惯，再搭配上规律的运动，就这样，与我失散有10年之久的马甲线，渐渐地回到我身上。

　　我很享受轻断食后的身体状态，也很开心因为轻断食而让我专注于挑选好食材并执行少油、少盐、少糖的烹调方式，我打算继续维持这样的饮食习惯，让自己与家人过着只吃好食物的健康生活。

萝瑞娜

CONTENTS
日录

## ⓪② 一天的好心情，<br>从不造成身体负担的早午餐开始

## 04 减肥期更需要的加油低卡点心

# 我的 5 ： 2 轻断食法

一直以来，我始终坚信守护孩子与家人一辈子的方式——
让他们养成良好的饮食习惯，并提供他们优质的食物。
而实践了轻断食后，让我更投入于这样的饮食法则中。

在进行了一段时间的轻断食后，我总结了以下个人的做法及心得提供给大家参考。

# 认 识 5 ： 2 轻 断 食 法

5：2轻断食，不是要你挨饿，而是要你只吃"好"食物。

主张5天正常饮食，只要挑两天进行断食，女性在断食日摄取500大卡，男性则摄取600大卡，就能满足身体的需求。50多岁的莫斯里医师采用这个方法，在3个月内减去了9千克的体重，体脂肪从28%降到20%以下，多项病症指标也跟着一并下降，外形明显清瘦许多，重点是整个人看起来更年轻了。

其实像中国台湾地区流行的吃到饱文化就不是健康的饮食观念，为了回本，大家总是不愿身体发出"已经饱了，不要再吃了"的信息，而勉强塞下更多认为划算但其实不值得的食物。更别提大街小巷中，到深夜都不断散发出致命香气的鸡排和卤味摊了，能够忍住不吃，真的需要很大的意志力（或许人在国外，少了这些诱惑也不错）。

而在食品安全问题日益严重的现在，对入口的每一样食材把好关也是非常重要的。因此，除了令人羡慕的减肥效果之外，轻断食对我而言，更重要的是提供一个自我检视个人与家人饮食习惯的最佳机会。

# 我 的 轻 断 食 日 志

请记得，5：2轻断食，不是要你挨饿，而是要你只吃好食物。

### ✓ 一星期任选两天轻断食

那么，一周之间应该选择哪两天来实行轻断食呢？其实可依照个人需求做调整。我通常选择星期一与星期四（或星期五）。周末大家下馆子或朋友聚餐的概率高，在大吃大喝后的星期一刚好来个饮食收心操，更容易达成目标。而且，星期天也有较充裕的时间为星期一准备断食餐。而在星期四（或星期五）执行轻断食则可先清理好肠胃，为周末的美食家宴做准备。

### ✓ 其他5天，保持正常饮食

非轻断食的其他5天，并没有什么饮食上的限制。不过，若你能只摄取个人所需的热量，不放纵自己暴饮暴食，轻断食的效果会更显著。

由于孩子们经常抢我的轻断食餐（像是鸡茸玉米胡萝卜粥、鲜虾罗勒番茄饭、汤面与火锅等，往往还没开动，就被他们分食掉一半），于是，我渐渐把这样的菜单延续到日常饮食中，让全家人都能享用到高品质的健康食物。

以我自己的经验来说，真的只要持续一段时间，不知不觉中，其他5天饮食习惯就会自然改变（即使没有改变，也不会影响成效，不用太但心），更能品尝到食材本身的天然好滋味，自认是能够持续执行的一种健康饮食方式。

✓ 用渐进和缓的方式开始，愉快适应轻断食

在开始轻断食时，我会建议大家先从最接近平时的饮食开始。比如说，习惯早餐吃吐司、晚餐吃米饭，就先挑这样的组合来尝试，差异尽量不要太大，抗拒感就不会那么强。然后，利用汤汤水水类的料理来增添饱腹感，诸如火锅、汤面或粥类。再来是选择高膳食纤维类的食物，因为会吸水膨胀而使人产生饱腹感，让你能顺利度过饥饿感的侵袭。

制作料理时多利用香辛料，少添加市售酱料（仔细研究后发现热量其实都不低）。以炖饭为例，制作时加入不同的辛香料，像是香菜、葱、蒜，以及迷迭香、百里香、莳萝等香草，就会产生不一样的风味，还能减少盐及酱料的用量。调制沙拉酱时，也可以改用热量低的香辛料，像是辣椒、蒜头、香菜、柠檬汁、果醋等，烹调法尽量选择能突显出食材天然原味的，少用市售调好的酱汁，就能减少许多不必要的热量摄取。

白开水是身体最好的水分来源，若一定要喝饮料，不妨以无糖绿茶或柠檬水取而代之。茶叶中的儿茶素能减少糖类和脂肪的吸收，餐前喝能降低食欲，餐后喝可去油解腻。若有胃痛或失眠症状的人，则建议喝冷泡绿茶，因为低温浸泡（约2小时）后的绿茶所释放出来的茶碱和咖啡因都不多，适合以上两种类型的人饮用。

✓ 吃饭前先喝汤，吃饭时细嚼慢咽，饭后半小时到1小时不坐下

先喝汤能增加饱腹感，才不会因为饥饿而狼吞虎咽下过多的食物。细嚼慢咽则有助于唾液的分泌，帮助分解食物内的糖分，促进血液对糖分的吸收，让血糖上升。在这个过程中，大脑会接收到信息让人停止继续进食。此外，饭后最好避免坐着不动，以免血糖升高，造成新的脂肪堆积。

## 必备工具——体重计

养成每天早上起床量体重的习惯。通常体重计上的数字会真实反映你的饮食情况，尤其在大吃大喝放纵过度后，会产生很好的警示效果。有些体重计还能兼测身体的体脂肪，是不错的选择。

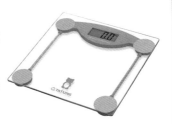

从去年圣诞节到今年农历新年的这段时间，因为聚餐不断，加上暂停了轻断食，当时的我非常鸵鸟地把体重计收起来，少了数字的提醒，不到两个月就胖了6千克，幸好现在知道如何健康瘦下来的方法，很快就恢复到原来的体重。

**营养师专栏**

# 了解每一项与自身相关的健康数值

/ 林郁茹

想让身体更健康，首先必须了解关于自己健康的每个数值，例如：基础代谢率、身体质量指数、健康腰围等。

## 基础代谢率

基础代谢率（BMR）是指我们在安静状态下（通常为静卧状态）消耗的最低热量，人体的所有活动都建立在这个基础上（简单来说，就是躺在床上什么事情都不做，一整天所需要的热量）。

## 如何计算自己的基础代谢率呢？

$$\text{BMR（男）} = [\,(13.7 \times \text{体重（千克）})\,] + [\,(5.0 \times \text{身高（厘米）})\,] - (6.8 \times \text{年龄}) + 66$$

$$\text{BMR（女）} = [\,(9.6 \times \text{体重（千克）})\,] + [\,(1.8 \times \text{身高（厘米）})\,] - (4.7 \times \text{年龄}) + 655$$

影响基础代谢率的关键因素列出如下：

✓ 年纪：年纪愈大，基础代谢率愈低

✓ 身体肌肉量：肌肉量愈多，基础代谢率愈高

✓ 性别：男性 > 女性

✓ 食物摄取：热量摄取不足，基础代谢率降低

✓ 运动：维持运动习惯可提高基础代谢率

通常人体重要器官（脑、胃、肝等）一天要消耗约六成的基础代谢率，如果长期没提供身体足够的能量，不仅对健康有伤害，还容易引起溜溜球效应，这样一来，就算靠少吃很快瘦下来，也很容易胖回来，故建议每天一定要吃足基础代谢率所需的热量。

## 身体质量指数

### 计算身体质量指数Body Mass Index（简称BMI）

身体质量指数 = 体重（千克）/身高（米）的平方（BMI = kg/m²）

依照身体质量指数来看，最健康的理想的数值为22±10%。理想体重=22×身高²（米）± 10%

| BMI | <18.5 | 18.5~24 | 24~27 | 27~30 | 30~35 | >35 |
|---|---|---|---|---|---|---|
| 对应分类 | 体重过轻 | 正常体重 | 超重 | 轻度肥胖 | 中度肥胖 | 重度肥胖 |

⟶ 身体质量指数不适用于未满18岁、运动员、正在做重量训练、怀孕或哺乳中女性、身体虚弱或久坐不动的老人。

## 标准腰围

正确测量腰围的方法是，被测者直立站好，双脚分开25～30厘米。将肋骨下缘与骨盆侧边上缘，彼此连线的中点，以皮尺环绕进行测量。

WHO也曾提出建议的标准腰围：成年男性≤94厘米（38英寸），成年女性≤80厘米（31.5 英寸）。腰围与臀围比值是人体脂肪分布的指标，过多脂肪积聚于腰间与罹患慢性疾病（如心脏病、糖尿病等）有关。利用腰围与臀围之比例来诊断，若男性腰臀比大于0.9，女性腰臀比大于0.85，就属上身肥胖，需要多加留意。

**腰围在哪里？**

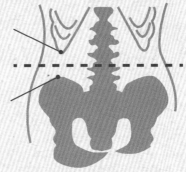

**每日所需热量如何计算**

虽然5：2轻断食只严格控制轻断食那两天的饮食内容及热量，但若能了解个人的基础代谢率及每日正常所需消耗的热量，再有效节制其他5日的饮食，不暴饮暴食、不摄取超过正常所需的热量，那么，就能更加快速地看到轻断食的成效。

首先，请检视自己的活动系数：

| 活动量 | 活动系数 | 种类 |
|---|---|---|
| 轻度活动 | 25~30 | 办公室、文书、家务 |
| 中度活动 | 30~35 | 须经常走动，但不须搬重物，如业务员等 |
| 重度活动 | 35~40 | 须搬重物、粗重活 |

减肥时期的热量需求＝现在体重×活动系数－（500~1000）大卡

一般来说，每日只要减少500~1000大卡的热量摄取，每周至少可减掉0.5~1千克。而每日总热量摄取女性不可少于1000大卡；男性不可少于1500大卡。

営养师专栏

# 低升糖与高膳食纤维

／林郁茹

✓ 少吃高热量、多吃高膳食纤维低GI（低升糖）指数的食物

由于进食时人体的血糖会上升，身体会再分泌胰岛素把血糖降回正常值，于是吃东西时一定要把握一个重要原则：让血糖慢慢上升。此时，就需要采用低GI（低升糖）的饮食控制法。

GI值主要是指食物吃进去后，血糖升高相对于吃进葡萄糖时的比例，葡萄糖是最容易使血糖快速升高的成分，GI值为100。淀粉类食物需要经过淀粉酶的分解才能转化成小分子的葡萄糖，而被人体吸收，进而使血糖上升，血糖的上升会自然促使胰岛素的分泌量递增，大量的胰岛素分泌会促使体脂肪的大量形成、快速造成饥饿感的再度发生，因而使食量增加、血脂肪浓度偏高。

食用升糖指数低的食物可以帮助身体细胞更有效地利用胰岛素，细胞便能将血糖当成能量来使用。如此一来，还能降低血糖浓度，使血糖得到更好的控制，也有助于降低身体对于胰岛素的需求。

## ✓ 膳食纤维的好处

膳食纤维是指不能被人体消化道酶素分解的多糖类及木植素，在消化系统中，具有吸收水分的作用。膳食纤维能增加肠道及胃内的食物体积，可增加饱腹感，并促进肠胃蠕动舒解便秘，同时膳食纤维也能吸附肠道中的有害物质以利排出。

但摄取过多的膳食纤维会干扰钙、镁、锌等矿物质及微量营养素的吸收，每日建议摄取量20~30克。

## 美好的身心变化

很多时候，我们"吃"只是因为"心里想要"，而不是"身体需要"，所以往往会吃进去许多不必要的垃圾食物而不自知。太多的美食诱惑与大吃大喝的结果更让自己的身体脏器缺乏好好"闭关休养"的机会。长期累积下来，器官的负荷过重，于是便开始产生问题（脂肪囤积、代谢不良、血糖与血脂过高）。我在进行轻断食之后，身体和心灵也跟着发生变化，似乎一切都朝向美好的方向迈进。

---

营养师
专栏

# 减肥小贴士

／林郁茹

- ✓ 定时定量，均衡摄取三餐，不吃消夜及零食。
- ✓ 改变进食顺序，先喝汤、蔬菜、肉类与淀粉类。
- ✓ 细嚼慢咽，延长进食时间，增加饱腹感。
- ✓ 肚子饿时，选择低热量但体积大的食物，例如：
  蔬菜、仙草、爱玉、琼脂等食物。
- ✓ 避免油煎、油炸类食物。记住！愈复杂的烹调方式，热量密度愈高。
- ✓ 每周至少3~5次的运动，每次至少30分钟，可以提升基础代谢率，帮助减肥。

现在，小志先生老是对我开玩笑说："我怎么觉得你一年到头都在轻断食？"其实，我只是将这样的饮食习惯延续到平日，差别只在不那么斤斤计较于热量的计算。而且像书中的冷泡燕麦、玻璃罐沙拉、松饼及吐司料理，都很适合拿来当作日常早餐。一整颗番茄饭变化版、焖烧罐料理、火锅、面食及甜点等，也会现身在我家日常的餐桌上，甚至成为小志先生带去上班的便当。

像是书中介绍的鳄梨鲜虾吐司，就是让他在食堂最多人用餐时带出场炫耀的一道料理，原本无酱不欢的小志先生更常惊艳于"原来食材本身的滋味是如此这般美妙"。我们一家挑嘴的老小对轻断食餐的喜爱，更成为我持续这样饮食习惯的动力。

可能有人会好奇，如果一直持续执行轻断食，是不是会无止境地瘦下去？其实，瘦身只是轻断食的附加价值，主要的目的是通过"提供休息的机会"让身体进行自我修复，达到排毒及增强代谢的效果。根据我个人的经验，当身体达到一个健康的平衡状态后，体重的减少就会趋于和缓。现在，在应酬聚餐大吃大喝的第二天，我也喜欢用这样的饮食方式来让肠胃休息，身体真的会有一种无法言喻的舒畅感呢！

# 少 油 健 康 的 料 理 方 法

自从轻断食之后，我开始认真研究起各类食材的热量，这才感觉到油脂的热量实在高到出乎想象，为了切实掌握实际的热量，建议大家一定要利用少油料理手法，才能有效控制油脂的摄取。另外，一开始尽量采用相同的料理手法，能让你熟悉准备轻断食料理的方式，也会省下许多时间。例如，利用烤箱烘蛋，可变化的菜单包含马铃薯烘蛋、菠菜蘑菇烘蛋等；以电锅煮的燕麦粥则有丝瓜蛤蛎燕麦粥、南瓜卷心菜燕麦粥、四神山药粥等不同口味。

本书还会示范多道懒人的料理，如焖烧罐料理、玻璃罐沙拉、冷泡燕麦、一整颗番茄饭等。建议不妨先挑选一种料理方式来尝试变化，等熟悉之后，再试试其他方法，便能让你在准备轻断食餐时更加得心应手。

蒸

蒸的料理能保留食材的原味，是最适合新鲜食材的烹调法。如书中示范的纸蒸泡椒白鱼、酒蒸海鲜时蔬、一整颗番茄饭系列，都是属于此类型的料理。适合蒸食料理的工具则有大同电锅、塔吉锅、蒸笼，或是利用烘焙纸包起食材放入平底锅中，就能做出餐厅的纸蒸料理。

煮

本书示范的汤面、锅类或是凉拌类菜式，多半采用煮的料理手法来完成，保温、保水效果好的铸铁锅、陶锅也都是能保留食物原味，或是能使用无水料理法的工具都能让你方便煮食。

## 烤

对新手来说，烤类料理很容易上手，通常只要腌渍好食材，放入烤箱，成功率几乎是百分之百。书中示范的免炸系列便是利用烤箱来仿制出炸物口感的料理法。

## 焖烧

对于需久煮的食材，使用焖烧锅或焖烧罐则是节能又方便的料理法。一人份的焖烧罐更是让你在早上出门前准备，中午就能享用热食餐点的好帮手，是上班族不错的轻断食选择。

### 用厨房纸巾或喷油器上油

书中食谱大部分都是无油料理。少部分需要用到油的，也会控制在一小匙左右的用量，我甚至还会拿厨房纸巾再把这一小匙油抹匀在不粘锅面上，这样一来，实际摄取到的油脂就又更少了。

使用不粘锅时，只要把握分次加少量水炒的原则，就能用较少的油成功做出炒类料理。另外，喷雾式的喷油器也是控制用油量的最佳帮手。

# 方便简易的料理工具

对单身者来说，在执行轻断食时，开伙与购买食材都有工具不足或准备起来很麻烦的困扰。因此，不妨从单身公寓也能开伙的料理工具，如电锅、小烤箱或焖烧罐开始进行。若是与家人同住，又只有你一个人轻断食，要同时准备不同的菜式，确实也很伤脑筋。这时书中的简餐、火锅、焗饭跟粥面类料理都是不错的选择，只要加大分量制作，家人也可以共享轻断食餐（只是他们不需要被限制所摄取的热量），甚至之后也可以邀请家人一起加入轻断食的行列，互相陪伴与打气，会更有坚持下去的动力。

为了让执行起来更方便容易，在设计菜单时，我除了研究食材外，也花很多时间发掘方便又效果好的料理方式。以下是我在准备轻断食餐中最常使用到的工具，绝对是懒人烹调的最佳法宝，就算是厨房新手也能轻松掌握。

## 焖烧罐

焖烧锅及焖烧罐也属容易上手、节能又无油的料理工具。尤其对于上班族而言，想要在上班日执行轻断食，又不想餐餐都吃冷沙拉时，一人份的焖烧罐恰恰能满足你对热乎乎餐食的想法。书中也示范了几道用焖烧罐制作的粥、汤面及甜品，只要出门前优雅地放入食材，到了中午休息时间，便能在公司轻松愉快地享用了。

### 电锅

电锅最适合蒸、炖、煮等无油的烹调方式，前阵子风靡全球的"一整颗番茄饭"就是用电锅加"一指神功"便轻松完成。书中示范了好几道涵盖中、西风味的炖饭，还有粥品、甜点及养颜料理，都是靠电锅"一键搞定"。

### 烤箱

油炸的食物对于减肥一族总有致命的吸引力，越是不能吃，就越会想吃。老是禁止，绝对不是什么好主意，还会造成轻断食期间的心情不佳，效果自然就不好（我一直认为，愉悦的心情是让事情顺利进行的最佳催化剂）。于是，萝小姐运用了一些小技巧，利用烤箱来完成仿油炸料理，便无须心痛地和炸物说再见。

### 玻璃罐

带盖的玻璃罐（果酱罐）也是轻断食餐不可或缺的工具，尤其想要提前制作的话，更是少不了它。像是书中分享的玻璃罐沙拉或隔夜冷泡燕麦，在欧美早已相当风行，并深受办公室女性们的欢迎。尤其在炎热的夏日里，是非常开胃的轻断食主食，此外，拿来作为平时的早餐或是外出野餐的轻断食，也相当方便。

———→ 我也爱与孩子一起讨论玻璃罐内互相搭配的食材组合，甚至放手让孩子们自行调配准备，有时还会有意想不到的效果。除了训练他们的自理能力，同时也包含饮食教育、创意及料理上的想象力开发。

### 不粘平底锅

不粘锅的最大优点便是不需加入任何油脂，就能煎出完美可口的松饼、拌炒的食材，也不会粘锅，减少了许多油脂下肚的机会。若遇到出水性较少的食材，烹调的小技巧就是边炒、边加点水。用水来取代油脂，在热量摄取上相对就会减少许多，自然也会更健康。

### 铸铁平底锅

没有烤箱又舍不得放弃食材经烤过产生的特殊香气及口感，那么，铸铁平底锅会是最佳选择，额外优点是所花费的时间会比使用烤箱要来得短。

书中几道温沙拉的主食，几乎都是使用铸铁平底锅炙烧干烙完成的。使用时，也几乎没有添加任何油脂，唯一用到油的，还真的只有养锅时擦上去，涂在锅面上的薄薄一层。如果真的怕粘锅，不妨先使用厨房纸巾沾点油轻轻抹过，或使用专用的喷雾器来上油，都能把油脂的使用量降到最低，且均匀地分布在锅面上。

食物磅秤

虽然书中食谱的食材分量，我都会描写分量的多寡，但轻断食能成功的最重要关键，就在于控制好断食日当天所摄取的热量。我曾有过某一个月因为忙碌，更仗着自己已经熟悉食材的分量而舍弃食物磅秤，仅凭"差不多"的感觉去测量食材，而这种"差不多"式的烹调法，也完完全全直接反映在轻断食的成效上（那个月的体重也"差不多"跟以前没两样）。因此，食物磅秤能帮助你精确控制吃下的卡路里。有的磅秤甚至还有显示卡路里的功能，虽然价格稍贵，但非常适合不想计算卡路里的懒人。

另外，一些网站上也介绍过用手来简单测量食物分量的方式。不同食物的分量都可以从不同的手势或部位来测量。总结归纳出的方法如下：

✓ 1个拳头大的根茎类或水果类≈50克
✓ 1个手掌心大的鱼、肉、蛋、海鲜类 = 1份蛋白质（80~90克）≈ 65~90大卡
✓ 1个半握拳的叶菜类（把手掌摊开，手指微弯不合拢）≈100克≈15~40大卡
✓ 大拇指的1个指节的酱油 ≈1大匙（15毫升）≈15~20大卡
✓ 食指第1个指节的植物油 ≈1茶匙（5毫升）≈45大卡

不过这些都是很粗略的估算方式，若想精准达到轻断食热量摄取的标准，建议还是使用电子磅秤。

# 如 何 选 购 与 分 装 食 材

## 食材选购的注意事项

　　我在采购食材时，除了注意保存期限、内容成分之外，还会注意它的食材标示表。食品安全法规范标示包装上的"营养标示"至少需包含热量、蛋白质、脂肪、碳水化合物及钠的含量，若能读懂，你就更能掌握自己所摄取到的营养及热量。所以，在准备轻断食的料理时，一定要先养成看营养标示的习惯，才能让你在计算热量上更加精确无误。譬如，不同品牌的酱料、美乃滋、荞麦面、火腿或是坚果奶等热量不一，挑选时，就可以挑热量较低的产品。

| 营 养 标 示 | | |
|---|---|---|
| 每一分量 21克 | | |
| 本包装含 12 份 | | |
| 每份提供每日营养素摄取量 | | |
| 营养 | 基准值 | 百分比 |
| 热量 | 110大卡 | 6% |
| 蛋白质 | 1克 | 2% |
| 脂肪 | 8克 | 15% |
| 饱和脂肪 | 8克 | |
| 反式脂肪 | 0克 | |
| 碳水化合物 | 8克 | 3% |
| 钠 | 840毫克 | 35% |

| 标示 | 注意事项 |
|---|---|
| 分量 | 每一份为多少克，整个包装里含多少分量。如拉面的标示一份为100克，整个包装300克，则代表有3份 |
| 热量 | 每份所含的热量有多少大卡（当然愈低愈好） |
| 脂肪、饱和脂肪酸、反式脂肪酸含量 | 每份所含的脂肪量愈低愈好，尤其是人造的反式脂肪酸（比饱和脂肪酸更不健康）最好含量为零 |
| 碳水化合物 | 越低越好 |
| 钠含量 | 卫生部门建议成年人每天钠摄取量最好不要超过2400毫克，约等于6克的盐。但因天然食物中也含钠，若以每日摄取1600~1700大卡的热量来估算，天然食材提供了360~800毫克钠（1~2克的盐）。因此，营养标示的钠含量超过400毫克，都属于高钠盐的食材，请酌量食用 |

## 采买食材的重点

在采买前，最好事先计划好接下来一周轻断食的菜单，然后看看是否要加入给家人的分量，再列出采买清单，就不会因完全没头绪而买入许多不需要又高热量的食物。

计划菜单的时候建议可采用以下介绍的方法来设计，可节省许多准备的时间。

### ✓ 选择同类的料理

例如，锅料理只要变化汤头，准备两份同样的食材就能有不一样的享受。又如玻璃罐沙拉，只要准备同样的沙拉酱变化食材，或是准备相同的食材，淋上不同风味的沙拉酱，都是在异中求同，减轻麻烦，但又能享受到不同口味的方式。

### ✓ 使用同样的食材

把使用类似食材的菜单规划在一起，采买上和准备上都会容易许多。例如，南瓜卷心菜燕麦粥与南瓜卷心菜土司的主食材都是南瓜跟卷心菜，就可以一次准备好，再把主食材分成两份即可。

## 采买食材后先处理分装

现在人们实在很难天天抽空上市场买菜，于是在一次采购足够分量的食材后，分装成常用的分量放置冷冻库。这么做除了可避免食材的浪费外，还能省下之后料理餐点时一半左右的时间。

### ✓ 肉片

里脊肉我通常会买一大堆回家，切成一片60~100克大小。若是超市切好的里脊薄片，则在称好重量后，再分别以夹链袋或真空袋装好冷冻保存。鸡胸肉、鱼片也是采用同样方式来处理，我通常会把一块鸡胸肉切成1/2或1/3块（60~80克）后再装袋冷冻。

### ✓ 香辛料

香料剪刀是处理葱、香菜、韭菜等香草类食材切末时的好帮手。只要一把剪刀，不需砧板和菜刀就能轻松完成。我会先把香菜青葱洗干净1，再以厨房纸巾擦干水2后，剪成细末3，然后把这些香菜末及葱花分装入小的保鲜盒中放入冷冻保存4，每次要使用的时候，只要取出所需的分量即可。

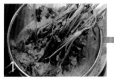

### ✓ 高汤

书中的锅类、汤面类甚至粥类都会使用到的高汤，我会一次煮好一大锅，放凉后分装成小袋（500~600毫升）后再放入冷冻保存。需要的时候，只要取出加热，或是前一晚先拿到冷藏室退冰，等料理时，马上就有高汤可用。

### ✓ 冰砖

制冰盒也是处理食材的好朋友，像是制作宝宝辅食时常见的各式食物泥、浓缩高汤或料理块（意式料理的红酱、白酱、青酱）等，都可以运用制冰盒加以妥善保存。

例如，在轻断食期间常会喝的柠檬蜂蜜水，我也会利用制冰盒来制作柠檬汁冰砖，早上要喝的时候，取一块再加入蜂蜜及热水就能完成（如果担心维生素C流失，就还是现挤现喝）。

另外，还有一点要特别注意的，就是请选用带盖的制冰盒，才不会让冷冻库里其他的食材污染了冰砖。

## 方便的低卡食材

因为要做好热量管控，就得对食材的热量斤斤计较，因此，我也会将以下低卡食材纳入常备采购名单中，成为我轻断食期间的常用品项。

### ✓ 菇类

菇类含有丰富的膳食纤维，热量在25大卡／100克左右。轻断食时，我很爱把金针菇拿来伪装成面条，满满一大碗才不到100大卡。菇类所含的多糖体具有提升免疫力、防癌、降血脂的功效，也是天然的勾芡剂，在料理上，是健康又美味的好食材。

### ✓ 魔芋板条（20大卡／100克）

魔芋也是高膳食纤维且低热量的食材，面食控的我，当在轻断食期间想来碗热汤面时，魔芋板条跟寒天冬粉绝对是最佳的不二选择。

### ✓ 寒天冬粉（6大卡／100克）

寒天冬粉是今年我在超市里挖到的宝，热量低到趋近于0又耐煮。想吃脆的、凉拌的，稍微煮过氽烫即可搭配其他生菜享用。想吃滑溜的，多煮一下就会产生如冬粉般的口感且非常入味，也是我家孩子们很喜欢的食材之一。

### ✓ 海藻（12大卡／100克）

海藻富含糖类（可增强免疫力及抗癌）、蛋白质、食物纤维（能平稳血糖，产生饱腹感）及多种微量元素。书中的凉拌系列，就常使用到海藻和木耳。

### ✓ 燕麦片

燕麦保留了营养价值高的麦皮和胚芽，不仅能降低心脏病和癌症的发生率，还富含大量的可溶性纤维（在水中会分解且变粗），能延长人体吸收的时间并产生饱腹感，帮助血糖的稳定，降低食欲，很适合作为轻断食的食材。

### ✓ 南瓜

南瓜是淀粉含量较高的根茎类中热量最低的（70大卡／100克），含有丰富的养分和膳食纤维。再加上南瓜的甜度高、风味十足，很适合制作料理与甜点，满足感也相当高！

### ✓ 杏仁奶

今年在瑞典的超市发现了各类的坚果奶（核桃、榛果、杏仁、开心果、腰果、椰仁……），而当中的杏仁奶跟腰果奶热量只有20大卡/100克，比低脂牛奶跟无糖豆浆还要低，再加上特殊的香气，十分迷人。轻断食期间，我常用来制作冷泡燕麦或是直接搭配餐点来饮用。

### ✓ 白肉鱼

大部分的海鲜热量其实都不高，鱼类部分则属油脂含量低的白肉鱼（像是鲷鱼、鲈鱼）热量最低（大约83大卡/100克），很适合拿来煲汤、煮粥、烘烤与清蒸。

### ✓ 鸡胸肉

脂肪含量低的鸡胸肉是很受欢迎的瘦身食材之一。因为鸡肉不只含有丰富的蛋白质，和猪、牛、羊肉相比热量较低，对于无肉不欢的人来说是很好的肉类选择。

书中示范了免炸及铸铁锅炙烧版的鸡柳沙拉，还有汆汤后剥丝，加些低卡酱料的沙拉或凉面，统统都很美味。此外，记得去除鸡皮后再吃，就能大幅度减少所摄取的热量。

# 自制低卡汤头

刚开始执行轻断食时，火锅类是协助你度过挨饿考验的最佳选择。只要搭配低卡的汤头，再加上大量多样的蔬菜，一大锅热量也不过200多卡。再者，视觉效果十足，在心理上也发挥了很大的抚慰作用，汤汤水水也能增加不少饱腹感。

有时，总是会想在煮东西时放点味精，因为真的是太方便了；但在讲究天然健康的前提下，又无法心安理得地使用味精类的制品。于是，在便利性与食用安全的双重考量下，萝小姐决定亲自制作味精。

根据科学家研究分析，由新鲜食材炖煮而成的高汤之所以鲜美，一是来自氨基酸中的麦氨酸，一是来自核苷酸中的肌苷酸及乌苷酸。而蔬果中富含麦氨酸的有：海苔、番茄、洋葱；肌苷酸含量丰富的食材则有：牛肉、猪肉、羊肉及柴鱼片；乌苷酸则可在香菇松茸中发现。

若要在家自制天然无添加的味精，只要将干海苔片（麦氨酸）、干香菇（乌苷酸）、柴鱼片（肌苷酸）放入食物处理机中搅打成粉末，就能制出以天然食材熬煮而成的高汤中的鲜美元素。而这也是为什么市售增鲜用的味精不是柴鱼、香菇、昆布，就是干贝口味。综合以上，只要善用这几项食材，料理的成品不需调味也能相当美味。只是有时还是想简单煮道汤、下个面，若能提前备好天然的自制味精，使用起来就非常方便。

## 如何自制天然味精

　　我选用了家中现有的材料，把樱花虾（或柴鱼）及香菇干锅炒香后，再使用食物调理机搅打成粉，约花5分钟3个步骤，就能让家人吃得安心美味又健康，无论煮面、煲粥、炒菜都非常好用。打好的自制天然味精，装在消毒过彻底干燥的带盖玻璃罐中，只要不受潮，保存几个月都不成问题。

| 材 料 | |
| --- | --- |
| 樱花虾（或虾皮、柴鱼片、小鱼干） | 50克 |
| 干香菇 | 50克 |
| 冰糖 | 40~50克 |
| 盐 | 1小匙 |

1 香菇和樱花虾先以干锅炒香（我会先用水冲过，然后以厨房纸巾吸干水分后晾干。有烤箱的人，也可以放入烤箱中以100℃直接烤干）。

2 放入食物处理机中，分次打成细末（粉末较细时，再加入冰糖与盐一起打）。

3 用筛网过滤，即可装罐使用。

**蔬菜高汤**

**昆布高汤**

**柴鱼小鱼干高汤**

我一般会直接从冰箱里挑现有的蔬菜类来熬煮蔬菜高汤，最常使用的则有洋葱、萝卜、西洋芹和玉米粒。此外，清甜的苹果、山药、卷心菜、番茄或南瓜都是不错的选择。

变化款的做法是加入大量的蒜头、适量的胡椒粉及孜然粉，另外，再放入豆蔻及红枣，就成为新疆风味的天香回味锅。或是加入当归、红枣、黄芪、川芎，就成了风味十足的中药汤底。

这款高汤是萝家的经典不败款，不管是搭配日式乌龙面还是小火锅，准备起来快速方便，效果又出奇地好。变化款的做法除了加入以棉布包的柴鱼片一起熬煮之外，放入豆浆或是味噌，味道也会很棒！

日系超市里有贩售以不织布包好的柴鱼小鱼干汤头包，煮高汤时取一包放入水锅中熬煮即可，非常方便。更经济实惠的方式就是自己在家做，买个棉布袋，放入柴鱼片及炒香的小鱼干，绑好棉线就是柴鱼小鱼干汤头包了。

## 蔬菜高汤

**材料**

| | |
|---|---|
| 洋葱 | 1 个切小块 |
| 胡萝卜 | 1 小段去皮切块 |
| 白萝卜 | 1 小段去皮切块 |
| 西洋芹 | 2~3 根切段 |
| 水 | 1200~1500 毫升 |

**做法**

将所有食材切成适当大小的块状后，放入装有1200~1500毫升水的汤锅中，大火煮滚后，转中小火，盖上盖煨煮1小时，捞出蔬菜。

## 昆布高汤

**材料**

| | |
|---|---|
| 昆布 | 15~20 克 |
| 水 | 1200 毫升 |
| **日式酱油**（可以是昆布、柴鱼或干贝风味） | 100 毫升（约100大卡） |

**做法**

1 将昆布洗净后，放入装有1200毫升水的汤锅中浸泡一晚。

2 将汤锅直接移到炉火上，中小火加热至汤水冒小泡沸腾，即可加入海盐或酱油，再次煮沸后捞出昆布。

☺ 也可省略酱油，改用适量的海盐代替，热量会更低。

## 柴鱼小鱼干高汤

**材料**

| | |
|---|---|
| 柴鱼片 | 15 克 |
| 小鱼干 | 15 克 |
| 水 | 1000 毫升 |

**做法**

将柴鱼小鱼干汤头包放入装有1000毫升水的汤锅中，煮沸后熄火，待汤头呈现淡淡的琥珀色时，捞出汤头包。

### 味噌高汤

味噌具防癌排毒、抗衰老的功效，也是日本人之所以长寿的关键食材之一。我家小孩一听到常食味噌的好处后，还会主动要求我煮味噌汤或味噌拉面。味噌的特性是不耐久煮，最好在起锅前5分钟再下，才不会失去风味。进阶版的味噌汤头则是使用昆布汤头作为基底，再同时使用白、红两种味噌来熬煮。

### 豆浆 ┃ 鲜奶高汤

煮豆浆或鲜奶高汤时，可先以昆布、柴鱼、味噌或蔬菜高汤当基底来熬煮食材，等食材快熟时，再加入豆浆（或鲜奶）煮沸，便成为口味香醇的风味高汤。

### 泡菜高汤

泡菜汤头要好喝，最主要的关键还是泡菜，所以每到冬天盛产大白菜的季节时，我都会大量制作泡菜，无论是当凉菜，还是拿来煎饼、包水饺、炒肉、炒饭、煮面、煮火锅，多变又百搭。由于自制泡菜使用的是新鲜凤梨、蔬果及米汤，再搭配其他香辛料来做成腌酱，以这样富含水果酵素的泡菜汁熬煮出来的汤头，只需加点盐就非常美味。

## 味噌高汤

**材料**

| | |
|---|---|
| 昆布高汤 | 1200毫升 |
| 红味噌 | 2大匙 |
| 白味噌 | 2大匙 |

**做法**

将昆布高汤煮滚后，舀出少许汤汁在碗中，放入红、白味噌搅散后倒回锅中（或是直接把味噌放在漏网上，半泡在汤锅中，再用汤匙搅散），再煮滚3~5分钟。

☺ 非轻断食期间，可加入适量的胡麻酱，汤头品尝起来会更甘醇鲜美并具有丰富的层次感。

## 豆浆 | 鲜奶高汤

**材料**

| | |
|---|---|
| 高汤 | 1000毫升 |
| 豆浆或鲜奶 | 500毫升 |

**做法**

准备好基底高汤后，放入要熬煮的食材，待9分熟时，加入豆浆再煮沸。

☺ 放入豆浆（或鲜奶）煮沸后熄火，可避免因久煮失去风味，也不会产生太多浮末。

## 泡菜高汤

**材料**

| | |
|---|---|
| 泡菜 | 120克（含泡菜汁3大匙） |
| 昆布柴鱼高汤 | 600克 |
| 洋葱或大白菜梗 | 50克 |
| 盐 | 适量 |

**做法**

将所有材料放入汤锅中，大火煮沸，转小火再煮3~5分钟即完成。

☺ 若是使用市售泡菜，我会改以柴鱼昆布高汤当作基底，加点蒜末与辣椒粉，再搭配大量的蔬菜及菇类来提升汤头的风味。

# 自制低卡酱汁

当外出吃饭又碰到轻断食时，沙拉通常是我的首选，因为沙拉是多种蔬果配上一种主食的组合，只要慎选主食及主要热量来源的沙拉酱，在外用餐也能轻松执行轻断食。

制作沙拉时，我会秉持以下的原则。

## Tips 1：配菜以五色蔬果为宜

书里示范的沙拉食谱，多半符合此标准，这样的选择能均衡地摄取到身体所需的各种营养。另外，就中医的说法，五行颜色各有其滋养的脏器。

**绿色** 属木，滋养肝脏、胆、眼和肌筋。菠菜、小黄瓜、绿花椰菜、西洋芹、莴苣、豆荚类、香菜、九层塔、绿葡萄、猕猴桃、芭乐等都属绿色蔬果。

**红色** 属火，滋养心脏、小肠和脑，代表食物有甜椒、胡萝卜、番茄、草莓、红枣、枸杞子、红豆、红辣椒等。

**黄色** 属土，滋养胃、脾脏、胰脏等。代表食物有薏苡仁、地瓜、糙米、燕麦、黄甜椒、玉米、南瓜、栗子、黄豆、味噌、木瓜、柑橘、芒果等。

**白色** 属金，滋养肺、大肠、皮肤。代表食物有山药、莲子、百合、马铃薯、卷心菜、冬瓜、豆腐、白木耳、白花椰菜、绿豆芽、蘑菇、杏仁、香蕉、水梨、荔枝等。

**黑色** 属水，滋养肾、骨、耳、生殖器官。代表食物有荞麦面、黑木耳、黑芝麻、黑豆、紫米、紫山药、紫地瓜、海带、昆布、黑枣、茄子、葡萄干、葡萄、蓝莓、龙眼干等。

## Tips 2：选择白肉作为主食

像宜家餐厅贩售的北极虾沙拉和熏三文鱼沙拉就是我常吃的外带沙拉餐，除了食材本身热量低之外，两者所含的Ω-3还是海鲜里面含量最高的，能有效预防心血管疾病。超市的海藻沙拉或快餐店里的烤鸡胸沙拉都是外带可选的低卡沙拉。此外，水煮的鸡胸肉、鲔鱼、清蒸的鱼肉或者盐烤的里脊肉，也是不错的低卡主食选择。

## Tips3：如何选择沙拉酱

沙拉酱的选择与变化有很多，常见的材料包括：美乃滋、蛋黄、油、优格、醋、酱油及带酸味的果汁，不同食材组合调制成的沙拉酱，热量也有很大的差异。只要慎选沙拉酱，就能有效地减少食用沙拉时一并摄取的热量。

常见的恺撒沙拉及千岛酱主要成分都是油脂与蛋，热量非常高，可说是轻断食期间的"地雷食物"。建议尽量改用优格、果醋或是酱油调制而成的沙拉酱，也不要直接把沙拉酱全部淋在沙拉上，把沙拉酱另装一碟蘸食，也能减少沙拉酱的摄取量。

以下示范几款低卡简单又健康的沙拉酱。

### 和风沙拉酱

两种日式沙拉酱的材料如下所列，制作方式也超级简单，只要把所有材料放入一小钵中搅拌均匀即完成。日式风味的沙拉酱除了搭配沙拉之外，也很适合拿来配荞麦凉面。

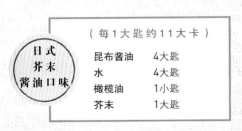

| 日式芥末酱油口味（每1大匙约11大卡） | |
|---|---|
| 昆布酱油 | 4大匙 |
| 水 | 4大匙 |
| 橄榄油 | 1小匙 |
| 芥末 | 1大匙 |

| 胡麻酱油口味（每1大匙约22大卡） | |
|---|---|
| 酱油 | 1大匙 |
| 味啉 | 1小匙 |
| 水 | 1大匙 |
| 粗粒黑胡椒 | 少许 |
| 香油 | 1小匙 |
| 胡椒盐 | 少许 |

法式蜂蜜芥末酱
（1大匙约30大卡）

| 法式黄芥末酱 | 1小匙 |
| 柠檬汁 | 1小匙 |
| 蜂蜜 | 1小匙 |
| 低脂美乃滋 | 1大匙 |
| 盐 | 适量 |

这款沙拉酱，很适合用来搭
配鸡胸肉或鲔鱼。
喜欢咖喱风味的，可以再加
入适量印度咖喱粉及蒜泥来
变化口味。

日式味噌芝麻酱
（1大匙约35大卡）

| 味噌 | 2小匙 |
| 味醂 | 1大匙 |
| 芝麻酱 | 2小匙 |

芒果优格酱
（1大匙约9大卡）

| 芒果 | 1个打泥，约100克 |
| 芥末籽 | 1/4小匙 |
| 无糖优格 | 2大匙 |

酸甜带辣又爽口的莎莎酱搭配烤鱼、烤虾或烤里脊都很适合。
喜欢辣一点的，不妨再加1小根红辣椒。

芒果优格酱常用来搭配综合水果所组合成的沙拉，或是搭配炙烧类的海鲜，如干贝或鲜虾，都很适合。

莎莎酱（1大匙约6大卡）

| 芒果 | 80克 |
| 红椒 | 30克 |
| 番茄 | 40克 |
| 洋葱 | 2大匙 |
| 香菜 | 2大匙 |
| 柠檬汁 | 2大匙 |
| 砂糖 | 2小匙 |
| 辣椒 | 1小根 |

## 椒麻酱（1大匙约13大卡）

| 材料 | |
| --- | --- |
| 香菜 | 适量 |
| 大蒜 | 1~2瓣 |
| 辣椒 | 1个 |
| 柠檬汁 | 1大匙 |
| 鱼露 | 2小匙 |
| 砂糖 | 2小匙 |
| （可用味啉取代，热量少一半） | |
| 酱油 | 1大匙 |
| 花椒粉 | 适量 |
| 水 | 1大匙 |

做法

1 将香菜、辣椒、大蒜切末，放入小钵中。
2 挤入柠檬汁，加入砂糖及水。
3 再加入鱼露、酱油及花椒粉，搅拌均匀。

☺ 酸香麻辣的椒麻酱，热量低又开胃，搭配水煮的里脊肉片或是清蒸的白鱼都是不错的选择。

## 红酒醋柑橘酱（1大匙约20大卡）

| 材料 | |
| --- | --- |
| 橄榄油 | 1小匙 |
| 红酒醋 | 1大匙 |
| 盐 | 适量 |
| 粗粒黑胡椒 | 适量 |
| 味啉 | 2小匙 |
| 柑橘汁 | 2小匙 |
| 蒜头 | 1瓣压泥 |

做法

1 将红酒醋倒入一小钵中。
2 加入橄榄油。
3 挤入柑橘汁。
4 最后，淋上粗粒黑胡椒及盐，搅拌均匀。

☺ 一般油醋酱的比例是油：醋＝3：1，轻断食期间的油醋酱比例则必须反过来。油品部分除了橄榄油之外，冷压的榛果油、鳄梨油这类带着特别香味的油品也是我很爱的选择。

一天的好心情，
从不造成身体负担的
早午餐开始

假日的早午餐时间，一直是我和家人共度的美好时光。
在本单元里分享的，完全不局限于轻断食餐，
也很适合在周末享用。

# 油菜蛋皮墨西哥卷佐柠檬黄瓜水

轻断食生菜卷制作起来简单快速，取用也十分方便。为了减少摄取热量，建议省去美乃滋，改以各式的现磨香料粉取而代之，滋味会更丰富。

**健康食材——油菜**

油菜，日本人又称小松菜，能促进皮肤细胞代谢，降低血清胆固醇，还能减少黑色素沉积，具美白功效。

| 材料（1人份） | |
| --- | --- |
| 油菜 | 50克 |
| 鸡蛋 | 1个 |
| 墨西哥卷饼皮 | 1张 |
| 火腿 | 20克 |
| 甜椒 | 40克 |
| 调味料 | |
| 盐 | 适量 |
| 现磨五色椒粉 | 适量 |

1 油菜切成5厘米的小段，入锅氽烫后备用。

2 鸡蛋打散后，以不粘锅中火干煎成蛋皮。

3 取一张饼皮，依序摆上火腿、蛋皮及油菜，卷起后切成适当大小。

☺ 柠檬（柳橙）黄瓜水是瑞典夏日常用来取代白开水的健康饮料，只要在冷开水中加入几片柠檬及黄瓜，冰镇一下就能饮用。若家中种植新鲜香草（甜菊或薄荷），不妨放入一些以增添风味。

☺ 用墨西哥卷饼皮制作的轻断食生菜卷，是萝家夏日到湖边野餐时，出镜率很高的常备小点心。

266
大卡

# 熏三文鱼生菜卷

瑞典人在品尝熏三文鱼卷时，多半会搭配以法式酸奶油调制的抹酱。轻断食的时候，我会选择添加可增添熏三文鱼风味的新鲜莳萝或直接拿以莳萝调味过的熏三文鱼来料理，省略高热量的法式抹酱。

### 健康食材——三文鱼

　　三文鱼含有多种丰富的维生素及高品质的蛋白质（氨基酸），胆固醇含量又低，是营养价值极高的食材。而三文鱼最被人称道的营养成分则是Ω-3多元不饱和脂肪酸，居所有鱼类之冠，具有帮助儿童脑部及视力发育、减低罹患气喘的概率、防止心血管疾病等功效。

### 材料（1人份）

| | |
|---|---|
| 熏三文鱼 | 20克 |
| 墨西哥卷饼皮 | 1张 |
| 鸡蛋 | 1个 |
| 小黄瓜 | 20克 |
| 西生菜 | 20克 |

1 打散蛋液，不粘锅中火煎成蛋皮。

2 取一张饼皮，先铺上煎好的蛋皮。

3 再依序铺上熏三文鱼、小黄瓜片及生菜（记得要擦干水），卷起后切成适当大小。

216
大卡

# 咖喱彩蔬欧姆蛋

据小志先生印度同事的说法，"咖喱"其实是香料的一种统称。在印度文化里，香料是一门学问，家家户户都有特调的独门配方。不同的香料组合能交织出不同的化学变化，带给味觉上前段、中段、后段不同的风味（瞧他说的就和香水一样神奇）。

**健康食材——咖喱**

近几年相继有许多医学研究证实，咖喱具降低胆固醇、降低脂肪酸、减少血栓、动脉硬化以及预防阿尔兹海默症的功效。

| 材料（1人份） | | 调味料 | |
|---|---|---|---|
| 鸡蛋 | 2个 | 咖喱粉 | 适量 |
| 小黄瓜 | 50克 | 盐 | 适量 |
| 甜椒 | 40克 | | |
| 洋葱 | 30克 | | |
| 西生菜 | 50克 | | |
| 蘑菇 | 2朵 | | |
| 橄榄油 | ½小匙 | | |
| 无糖豆浆 | 1大匙 | | |
| 蒜头 | 1瓣 | | |

1 不粘锅中倒入橄榄油，爆香洋葱及蒜泥。

2 接着，放入小黄瓜丁、甜椒丁、蘑菇丁拌炒（觉得不够油的话就加水），撒上咖喱粉及盐调味。

3 鸡蛋与无糖豆浆用搅拌器打匀成蛋液。将锅中的配料推到锅的一旁，倒入蛋液，转成中小火。待蛋液稍微凝固后，往馅料的方向推，接着慢慢卷起塑形成蛋卷，与生菜丝一同享用。

# 烤时蔬佐嫩炒蛋

247
大卡

　　带着奶油香气的嫩炒蛋加上煎得酥脆的培根，佐上季节水果及现榨果汁或咖啡，是简单却带着度假风的梦幻享受。这道嫩炒蛋偷师自巴厘岛度假时独栋别墅的专属厨师。鲜奶中的蛋白质能让鸡蛋在低温时凝固，让拌炒的时间跟温度不需要太久、太高，鸡蛋自然就能软嫩滑溜。

| 材料（1人份） | | 调味料 | |
|---|---|---|---|
| 鸡蛋 | 2个 | 盐 | 适量 |
| 低脂鲜奶或豆浆 | 2大匙 | 七味唐辛子 | 适量 |
| 杏鲍菇 | 80克 | 黑胡椒粉 | 适量 |
| 蘑菇 | 60克 | | |
| 番茄 | 2片 | | |
| 节瓜 | 70克 | | |

1 节瓜跟菇类以铸铁煎锅煎到熟（或放入烤箱中烤熟）。

2 将鸡蛋与鲜奶放入钵中，搅拌均匀成蛋液。

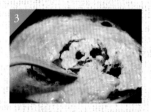

3 取一不粘锅，锅热后即可倒入蛋液，倒入后马上转小火，接着，用刮刀翻炒。

4 待鸡蛋约7分熟即可离火，用余温烫熟鸡蛋，到喜欢的熟度后即可盛盘，淋上盐、胡椒，再佐上烤好的时蔬及番茄片。

### 健康食材——节瓜

节瓜又称长寿瓜，含多种维生素、胡萝卜素，以及磷、铁、钙等矿物质，具有清热、解毒、消暑、利尿、消肿的功效。根据中医的说法，节瓜养分较一般蔬菜高，较容易消化吸收，适合体弱及病愈者食用。

☺ 非轻断食时，我会使用奶油炒蛋，香气会更迷人。

## 菠菜蘑菇烘蛋

**215 大卡**

烘蛋类料理是我刚加入轻断食行列时最容易上手又变化丰富品类。只要选择喜欢的食材入锅稍炒过，加入打散的鸡蛋液，再放入烤箱烤10分钟就能轻松完成。

**健康食材——菠菜**

大力水手最爱的菠菜有蔬菜之王的美誉，不但蛋白质含量高，维生素A含量也比胡萝卜还多，所含的叶酸还能维持大脑血清素的稳定，让人情绪稳定愉悦。有研究显示，吃下30克的菠菜相当于摄取了1.25克的维生素C，热量低，很适合作为轻断食的食材。

| 材料（1人份） | | 调味料 | |
|---|---|---|---|
| 洋葱 | 切末，约70克 | 盐 | 适量 |
| 蘑菇 | 2朵切片 | 胡椒 | 适量 |
| 嫩菠菜叶 | 1杯 | | |
| 鸡蛋 | 2个 | | |
| 橄榄油 | ½小匙 | | |

1 取一不粘锅，倒入橄榄油后，爆香洋葱末。待洋葱炒至透明，加入切片的蘑菇煸香。

2 接着，放入菠菜叶稍微拌炒。

3 加入打散的鸡蛋液及调味料，待蛋液约5分熟时移至烤盘，放入预热200℃的烤箱烤10分钟（或蛋液凝固）。

😊 南瓜、卷心菜、节瓜、马铃薯、新鲜的菇类都是烘蛋配料的好选择。

# 罗勒蘑菇火腿烘蛋盅

**213 大卡**

　　这道菜算是烘蛋的变化版，可直接拿火腿（或大番茄）作为容器，再搭配上吐司或馒头片食用，或者以吐司来作为烘蛋盅，整个就拿起来食用，非常方便。

**健康食材——洋菇（蘑菇）**

　　洋菇的碳水化合物含量低，所含的蛋白质多且有高达70%~90%能被人体所吸收，铁质含量也非常丰富。其含有胰蛋白酶成分，与胰分泌液十分相似，酪氨酸酶酵素也有助降低血压。

| 材料（3人份） | | 调味料 | |
|---|---|---|---|
| 火腿片 | 6片，60克 | 盐 | 适量 |
| 全麦（芝麻）馒头 | 1½个分切3片 | 香料粉 | 适量 |
| （或3片吐司） | | | |
| 洋葱 | 切丁，约60克 | | |
| 番茄 | 切丁，约150克 | | |
| 蘑菇 | 约60克 | | |
| 九层塔（或香菜） | 少许 | | |
| 菠菜叶 | 适量 | | |
| 鸡蛋 | 4个 | | |

1 以剪刀在火腿边缘四等分处各剪一刀。

2 将剪好的火腿放入玛芬模中备用（若无，可改用布丁模或小碗）。

3 取一不粘锅，干锅爆香洋葱。放入番茄丁，拌炒至番茄稍微软化。

4 加入蘑菇及九层塔，继续拌炒。

5 倒入鸡蛋液。待鸡蛋液约5分熟后，舀入火腿盅中。

6 放入预热200℃的烤箱，烤约10分钟至蛋液凝固，即可取出搭配馒头片（或吐司）。

# 梅酱鲜虾沙拉

这道沙拉是瑞典人夏日里的常备沙拉，多半会搭配芦笋与莳萝酱来享用，而我则偏爱使用热带风味的梅酱。梅酱除了拿来烧肉、蘸月亮虾饼，也很适合制作成搭配海鲜的沙拉酱，低卡又美味。

## 健康食材——北极虾

多元不饱和脂肪酸在深海鱼及虾类中的含量最高，鱼类的代表是三文鱼，虾类则是北极虾。北极虾属于高蛋白、低脂肪的健康食材，富含抗氧化的维生素E以及有助于能量代谢的维生素B。

| 材料（1人份） | | 调味料 | |
|---|---|---|---|
| 北极虾 | 100克 | 紫苏梅酱 | 1.5大匙 |
| 萝蔓生菜 | 100克 | 柠檬汁 | 2大匙 |
| 甜椒 | 100克 | 蒜头 | 2瓣压泥 |
| 凤梨 | 50克 | 香菜 | 1大匙 |
| 小黄瓜 | 100克 | 酱油 | 1小匙 |

1 调制梅酱沙拉酱：将沙拉酱的所有材料放入钵中，搅拌均匀备用。

2 将所有食材切成适当大小。

3 北极虾退冰去壳后，放在综合沙拉菜上，淋上梅酱。

☺ 北极虾可在宜家的食品区选购。

# 南瓜吐司手卷

吐司寿司比起米饭寿司卷来说，不但在备料上省事方便，制作起来也容易上手。食材上，除了南瓜、卷心菜外，芦笋鲜虾、火腿蛋皮、鲔鱼玉米等都是可以搭配的好选择。

| 材料（1人份） | | 调味料 | |
|---|---|---|---|
| 南瓜 | 100克 | **日式芥末粉** | 适量 |
| 吐司 | 2片 | | |
| 卷心菜 | 50克 | | |
| 海苔 | 1片 | | |
| 苹果 | 1个 | | |

1 南瓜蒸熟后，压泥备用。

**健康食材——卷心菜**

每年到了卷心菜盛产季节，价格便宜，清甜可口，是许多家庭餐桌上的最爱。卷心菜富含人体所需的微量元素，钙、铁、磷的含量在各类蔬菜中名列前五，其中又以钙的含量最为丰富，是黄瓜的5倍、番茄的7倍之多。

2 取一寿司海苔片，铺上2片去边后再对切一半的吐司（一边要留下一段空间）。

3 在吐司上均匀地抹上南瓜泥，再铺上卷心菜丝。

4 接着，淋上日式芥末粉（或喜欢的香料粉），卷起后切块。

☺ 南瓜前一晚在煮白饭时，可架在米饭上方一起蒸熟，放凉后再压成泥冷藏备用。

☺ 吐司寿司一直是我们家的豪华假日早午餐首选，也很适合作为野餐的点心或午餐便当。

一天的好心情，从不造成身体负担的早午餐开始

炙烧鲜虾佐鳄梨酱烤吐司

轻松享受美味轻断食餐

鳄梨最为人所熟知的吃法就是墨西哥鳄梨酱，这道烤吐司就是利用此概念，搭配上以不粘锅干烙出带有炙烧效果的鲜虾，滋味绝妙。

**健康食材——鳄梨**

鳄梨富含不饱和脂肪酸、维生素E、纤维素等多种营养素，具有抗炎、抗老化、助燃脂的功效。既营养又能兼顾美容瘦身，非常适合选做轻断食的食材。

| 材料（1人份） | | 调味料 | |
|---|---|---|---|
| 鳄梨 | 约50克 | 盐 | 少许 |
| 柠檬汁 | 1~2小匙 | 粗粒黑胡椒粉 | 少许 |
| 低卡美乃滋 | 1小匙 | | |
| 洋葱 | 约20克 | | |
| 甜椒（或番茄） | 20克 | | |
| 生菜 | 约20克 | | |
| 虾 | 去壳，约35克 | | |
| 吐司 | 1½片 | | |

1 烧热不粘锅，放入去壳的虾，干烙至两面金黄酥香。

2 鳄梨对切去籽后，以汤匙挖出一半的分量，再用杵子压成泥。

3 洋葱及红椒切丁备用。将洋葱丁、红椒丁、盐及粗粒黑胡椒粉加入鳄梨泥中搅拌均匀。

4 把鳄梨酱抹在烤好的吐司上。

5 盖一片吐司再铺上生菜叶。生菜叶上铺上煎好的虾。

6 盖上最后一层吐司对切。

☺ 若希望鳄梨酱滋味更丰富些，不妨再适量添加蒜头及香菜。

**247大卡**

# 胡麻豆腐温沙拉

胡麻酱是日本人很喜欢用来搭配豆腐的酱汁。其中的味噌及芝麻香气能带出豆腐淡雅的豆香，温温地吃，也很适合作为正餐中的主食。

## 健康食材——豆腐

豆腐含有高品质的蛋白质且低脂，能预防心血管疾病。此外，豆腐中所含的大量类黄酮，可补气血、抗老化、增强身体的免疫能力。

| 材料（1人份） | | 调味日式胡麻酱料 | |
| --- | --- | --- | --- |
| 综合生菜 | 150克 | 味噌 | 2小匙 |
| 小黄瓜 | 50克 | 味啉 | 1大匙 |
| 小番茄 | 5个 | 芝麻酱 | 2小匙 |
| 豆腐 | ½盒 | | |
| 麻油 | 1小匙 | | |

1 取一不粘锅，加入麻油后，放入切块的豆腐煎至两面金黄备用。

2 将小黄瓜、小番茄切成适当大小后，与综合生菜一起放入沙拉钵中。将煎好的豆腐放在沙拉上，淋上调好的胡麻沙拉酱。

☺ 可以减少一半的麻油量来煎豆腐（但豆腐就不能那么金黄酥香了），或是胡麻沙拉酱另外装盘用蘸的（用量会更省），在热量的摄取上会更低。

## 257 大卡 胡萝卜鲜果沙拉佐烤吐司

这款沙拉无须任何酱料来调味，完全运用新鲜的柳橙汁来中和胡萝卜的生味，搭配上葡萄干及蓝莓，酸甜多汁的口感最适合炎夏食用。若想要摄取更少的热量，可减少半片或一片的吐司。

### 健康食材——胡萝卜

胡萝卜含有丰富的纤维素，可改善便秘的问题。除此之外，胡萝卜还能增强免疫力，防癌抗衰老。另外，对防止血管硬化、降低胆固醇和预防高血压，也具有良好的功效。

| 材料（1人份） | | | |
|---|---|---|---|
| 胡萝卜 | 50克 | 吐司 | 2片 |
| 苹果 | 50克 | 葡萄干 | 约5粒 |
| 柳橙 | 1个，半个切丁（40克）、半个压汁（15克） | 蓝莓 | 适量 |

1 将胡萝卜刨丝、苹果及一半的柳橙切丁备用。

2 将另外一半的柳橙挤汁加入1中，再放入蓝莓及葡萄干拌匀。

# 夏威夷烤奶酪吐司

夹心烤奶酪吐司是瑞典咖啡店常见的轻断食餐，如熏鸡肉、火鸡、火腿、熏三文鱼都是主料的好选择。这次选用了家中常备的比萨食材——菠萝、火腿及马苏里拉奶酪来变化，喜欢番茄口味的人，不妨再多加片番茄或少许番茄酱，抑或淋上些意式香料，都非常合适。

**材料（1人份）**

| | |
|---|---|
| 凤梨片 | 40克 |
| 火腿片 | 20克 |
| 马苏里拉奶酪 | 20克 |
| 吐司 | 2片 |

**健康食材——奶酪**

100克鲜奶只能制作出10克的奶酪，浓缩了鲜奶中的蛋白质及钙质。奶酪含有高质量的蛋白质、钙质、多种矿物质及维生素，能有效预防骨质疏松及巩固牙齿，因此，瑞典的牙医除了限制小孩吃糖外，会鼓励孩子多吃奶酪。但要注意的是，因奶酪盐分含量高，仍要适量摄取。

1 吐司去边，斜切成直角三角形。

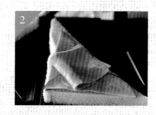

2 在一片吐司上，先铺一层火腿。

3 再铺上一层切丁的菠萝。

4 最后，铺上一层马苏里拉奶酪。

5 盖上吐司后，以三明治机加热2~3分钟即完成。

一天的好心情，从不造成身体负担的早午餐开始

246
大卡

# 香蒜罗勒奶酪烤馒头佐杏仁奶

　　我把一般常见的香蒜罗勒酱（轻断食期间请省去奶油）抹在馒头里，再淋上马苏里拉奶酪，放入烤箱烤不到10分钟，就有金黄酥脆、充满香气的罗勒奶酪烤馒头可以享用了。

材料（1人份）

| | |
|---|---|
| 南瓜馒头 | 1个 |
| 罗勒（或九层塔） | 切末，约3克 |
| 蒜头 | 1瓣压泥 |
| 粗粒黑胡椒粉 | 适量 |
| 马苏里拉奶酪 | 10克 |
| 杏仁奶 | 100克 |

1 制作香蒜罗勒酱：将罗勒末、蒜泥、粗粒黑胡椒粉搅拌均匀备用。

2 将馒头以面包刀切成九宫格的形状
（注意不能完全切断！）。

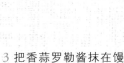

3 把香蒜罗勒酱抹在馒头的空隙中。

4 再于空隙铺满马苏里拉奶酪。预热烤箱，以200℃烤8~10分钟至奶酪转为金黄色。搭配杏仁奶一起享用就可以了。

**健康食材——杏仁奶**

　　杏仁奶的热量比鲜奶还低，并富含黄酮类和多酚类成分，可降低胆固醇，还能预防心血管疾病。此外，杏仁还有美容的功效，能使皮肤红润光泽。

:) 偷懒一点，还可以省下制作香蒜罗勒酱的步骤，只要淋上葱花和奶酪再放入烤箱烘烤，轻松就能完成，非常适合当成假日的早午餐！

 **243 大卡**

# 地瓜蛋沙拉

　　日式料理中常见的马铃薯蛋沙拉，改以具排毒效果的地瓜来取代其实更为香甜。再加上地瓜的滋润度比马铃薯高，还能减少美乃滋的用量，只需稍加调味就能产生很好的效果。

## 健康食材——地瓜

　　地瓜的营养丰富，其排毒抗癌的功效更早已被许多医学研究证实。一碗地瓜的热量约与一碗白米饭相等，但100克地瓜含2.4克膳食纤维，约为白米的10倍之多，摄取地瓜有促进肠胃蠕动、降低便秘发生的功效。此外，地瓜还富含维生素A、维生素C、钾、钙和β胡萝卜素等营养素，能抗氧化、降低心血管疾病。

| 材料（2人份） | | 调味料 | |
|---|---|---|---|
| 地瓜 | 150克 | 炼乳 | 1小匙 |
| 1个苹果 | 约25克 | 美乃滋 | 2小匙 |
| 小黄瓜 | 20克 | 盐 | 适量 |
| 水煮蛋 | 1个 | 粗粒黑胡椒 | 适量 |
| 吐司或法式长棍面包 | 2片 | | |
| 烤小番茄 | 约20克 | | |

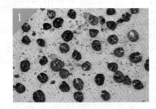

1 烤番茄：小番茄对切去籽后，淋上盐巴、粗粒黑胡椒、干燥洋芹，放入烤箱120℃低温烘烤1.5~2小时。

2 地瓜切块放入内锅中，鸡蛋放在网架上，一起放入电锅中蒸熟。

3 地瓜捣成泥、鸡蛋剥壳切丁、小黄瓜切丁、苹果切丁，加入调味料搅拌均匀。吐司切条（或法式长棍切片）烤香，佐上烤香料番茄及地瓜蛋沙拉享用。

☺ 如果喜欢芥末风味，也可以用千岛沙拉拌入黄芥末来取代食谱中的美乃滋与炼乳。

☺ 我会多做一些烤番茄，将剩余的与大蒜、香草及橄榄油一起浸泡，便成为极美味的配菜——油渍香草番茄。

一天的好心情，从不造成身体负担的早午餐开始

# 香料蒜烤吐司佐鲔鱼时蔬沙拉

这道蒜味烤吐司绝对是超级懒人版，把蒜头用磨泥器稍微磨过后直接抹在吐司上，再撒上喜爱的干燥香料，稍微烘烤过便相当美味，是一道风味料理。

| 材料（2人份） | | 调味料 | |
|---|---|---|---|
| 玉米粒 | 约30克 | 黑胡椒 | 适量 |
| 水煮鲔鱼 | 50克 | 胡椒盐 | 适量 |
| 胡萝卜 | 20克刨丝 | 低卡美乃滋 | 1大匙 |
| 洋葱 | 约20克 | | |
| 小黄瓜 | 20克 | | |
| 西洋芹 | 切丁，约20克 | | |
| 白吐司 | 4片 | | |

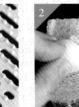

1 蒜头剥皮后，以磨泥器磨成泥。

2 把蒜头泥直接抹在吐司上。

3 撒上一层薄薄的干燥香料（我用的香料已含盐，若没有的，可撒上少许盐）。接着，放入预热180℃的烤箱烤5分钟。

4 洋葱、西洋芹、小黄瓜切丁。

5 把罐头中的鲔鱼及玉米粒捞出沥干水分，胡萝卜刨丝备用。

6 把4及5的材料放入容器中，加入美乃滋、适量的黑胡椒及胡椒盐，搅拌均匀，即能佐上烤好的蒜香吐司享用。

### 健康食材——鲔鱼

鲔鱼是营养价值很高的动物性蛋白质。鱼肉中的不饱和脂肪酸富含EPA和DHA，前者可促进血液流通，增加良性胆固醇，预防血栓防止心肌梗死；后者则能活化脑细胞，降低胆固醇。

非轻断食日时，不妨在吐司上抹上薄薄一层奶油来增添香气。此外，还可以搭配不同的调味料（如酱油、美乃滋、蜂蜜芥末）变化出中西式不同的风味。

**美味的早午餐松饼**

在此分享两道香蕉松饼的食谱，第一道在美国已流传许久，也就是传说中只要一根香蕉和两个鸡蛋就能完成的奇迹松饼。原理是利用香蕉里的淀粉与打发鸡蛋的膨发特性，便能完全不使用面粉来制作松饼。

很多人试做失败却百思不得其解，其成功的关键在于：第一，香蕉一定要放到皮变薄并出现黑点，也就是完全熟透后才能食用；第二，需先打发蛋液再混合打匀的香蕉泥，否则煎出来的松饼就会变成香蕉煎蛋。不过，少了面粉，口感还是偏软，无法呈现出一般松饼该有的嫩滑度与膨度，我自己还是偏爱接下来要介绍的第二道香蕉松饼。

第二道一样是利用全蛋打发的原理，再与香蕉泥、燕麦混合，松饼中带着香蕉的香气，又多了嫩滑的口感。透过减少面粉量来降低热量，也很适合当作全家人的营养早餐。若还是习惯一般松饼口感的，可参考自制松饼粉。

**246 大卡**

# 自制松饼粉
## 平日里好好享用的美味松饼

| 干性材料（1份两片，此为6~7片量） | |
| --- | --- |
| 低筋面粉 | 150克 |
| 泡打粉 | 1½小匙 |
| 盐 | ¼小匙 |
| 糖 | 1大匙（轻断食请省略） |

| 湿性材料 | |
| --- | --- |
| 鲜奶 | 125克（轻断食改用水） |
| 蜂蜜 | 2大匙（轻断食减量至1大匙） |
| 无盐奶油 | 1~2大匙（轻断食请省略） |
| 有机蛋 | 2个 |

1 将所有材料搅拌均匀后，放置冰箱一夜（或放室温1小时），等到面糊出现泡泡状。

2 取一不粘锅，中火慢慢烧热后，加入一大勺的面糊。

3 等到面糊出现许多大泡泡再翻面，翻面后，20~30秒即可起锅。

☺ 搅拌好的松饼糊，最好静置一夜，如果时间不够，至少要静置30分钟至面糊出现小泡泡。

☺ 放入锅中或松饼机的面糊，需要等到出现小泡泡后，才能翻面或盖上盖。

一天的好心情，从不造成身体负担的早午餐开始

# 香蕉燕麦松饼

材料（2人份）

| | |
|---|---|
| 熟透香蕉 | 1根 |
| 鸡蛋 | 1个 |
| 燕麦片 | 约20克 |
| 杏仁奶 | 50毫升，可用水或低脂鲜奶取代 |
| 低筋面粉 | 30克 |
| 枫糖 | 2小匙 |
| 蓝莓 | 10个 |

**健康食材——香蕉**

香蕉含有高浓度的色氨酸，而色氨酸在人体内会转变成血清素，之后再转变成可燃烧热量的棕色脂肪的重要元素——褪黑激素。饭前吃根香蕉，不但能增加饱腹感，也有助于燃烧脂肪。

1 将香蕉用食物调理棒打成泥。

2 把鸡蛋打入钵中，用食物调理棒打至膨发。

3 将香蕉泥、燕麦、杏仁奶及枫糖搅拌均匀。

4 先加入一半的全蛋糊搅拌均匀，再加入剩下的一半，再搅拌均匀。

5 取一不粘平底锅，锅稍微热后转中小火，加入一大勺松饼液，约1分钟后翻面，接着，再煎20~30秒即可起锅。

:) 若无食物调理棒，也可用手持搅拌器来搅拌，但因量少，使用食物调理棒会比较好用。

玻璃罐
沙拉

在欧美盛行的玻璃罐沙拉（Salad in a Jar）风潮，先是吹到了日本，现在在中国台湾地区也相当流行。许多办公室女性开始流行起自制轻食午餐。玻璃罐沙拉的制作方法其实非常简单，只要把握几个原则，就能按照自己的喜好装罐，拥有独一无二的沙拉罐美食。主要的制作重点为按照食材的特性一层层地堆叠上去，最后盖紧盖子放入冰箱保存，待隔天要吃的时候，拿起玻璃罐摇一摇，混合沙拉与酱汁就完成了。

以下按照每层的食材特性来分层介绍。做好的玻璃罐沙拉，可冷藏2~3天，食用前摇一摇，再倒入钵中即可。

各层由下至上分别为：

Level 1　沙拉酱（轻断食以柑橘类果汁、醋、酱油、优格为主，热量较低）。

Level 2　耐浸渍与口感较硬的食材，如胡萝卜、黄瓜、四季豆、鹰嘴豆。

Level 3　根茎类苹果，如花椰菜、蘑菇、鳄梨、番茄、玉米粒、洋葱、凤梨、芒果、柑橘等。

Level 4　坚果和奶酪，如南瓜子、核桃、芝麻、山羊奶酪和切达奶酪（轻断食期间，我会酌量减少或不加这一类热量偏高的食材）。

Level 5　蛋白质，如肉类、藜麦或水煮蛋；淀粉类，如通心粉和蝴蝶面等。

Level 6　沙拉菜，如西生菜、小菠菜、卷心菜、萝蔓生菜、豆苗等。

# 胡麻酱油鲔鱼沙拉

Level 6 撕小片的萝蔓生菜叶、香菜

Level 5 水煮鲔鱼

Level 4 黑芝麻

Level 3 西洋芹丁、洋葱末、苹果丁、玉米

Level 2 四季豆、黑木耳、白木耳

Level 1 沙拉酱

在鲔鱼沙拉中，我偏爱的是以台式酱油、椒盐、香油，搭配上香菜所交织出来的风味，另一种常见的则是在早餐店使用美乃滋、胡椒粉，佐以玉米的偏日式调味方式。

这两种调味方式配上甜度高、爽脆多汁的苹果，如西洋芹、苹果、小黄瓜或胡萝卜，都能让鲔鱼的咸鲜与苹果的甘甜互相辉映。另外，洋葱是我在制作各式鲔鱼沙拉时的秘密武器，带点辛辣的洋葱能有效去除鲔鱼的腥味，大大提升了沙拉的鲜美度。

## 健康食材——西洋芹

西洋芹、番茄、苹果、菠菜与小黄瓜同属"负卡路里"食物，也就是说，消化它所需的热量比它自身的热量还要高。不但热量低、纤维素多，还含有大量的钙及钾，可减少下半身水肿。

### 材料（1人份）

| | | | |
|---|---|---|---|
| 沙拉酱 | 酱油1大匙、味啉1小匙、水1大匙、粗粒黑胡椒少许、香油1小匙、胡椒盐少许 | 苹果 | 约30克 |
| | | 玉米粒 | 约35克 |
| | | 黑芝麻 | 少许 |
| 四季豆 | 约20克 | 水煮鲔鱼 | 50克 |
| 黑白木耳 | 泡发切小块50克 | 萝蔓生菜叶子 | 约30克 |
| 西洋芹 | 约20克 | 香菜 | 适量 |
| 洋葱 | 约30克 | | |

# 柑橘红酒醋鸡肉沙拉

231
大卡

......... Level 6　小柑橘半个

......... Level 5　鸡胸肉1/3块、
　　　　　　　　巴西里或九层塔

......... Level 4　核桃或松子少许
　　　　　　　　（轻断食可省）

......... Level 3　小番茄、花椰菜

......... Level 2　鹰嘴豆、蘑菇

......... Level 1　沙拉酱

一般传统的酒醋酱多是依照酒和醋3:1的比例，我在制作轻断食的低卡酱汁时则是反过来，以清爽的醋类或果汁为底。红酒醋跟巴西里一直是经典不败的组合，这款沙拉中，当然也少不了画龙点睛的巴西里。

### 健康食材——鹰嘴豆

被喻为"珍珠果仁"的鹰嘴豆，又称雪莲子。蛋白质含量高，其氨基酸含量是燕麦的3倍。铁、锌、钙、磷等微量元素均高于其他的豆类，对降低血脂和胆固醇有很大的功效。鹰嘴豆也是低升糖食物，适合糖尿病患者食用，是高营养价值的健康食品。

| 材料（1人份） | |
| --- | --- |
| 沙拉酱 | 橄榄油1小匙、红酒醋1大匙，盐、粗粒黑胡椒适量、味啉2小匙、柑橘果汁2小匙、蒜头1瓣压泥 |
| 鹰嘴豆 | 50克 |
| 蘑菇 | 切片40克 |
| 小番茄 | 切丁约50克 |
| 花椰菜 | 对切约20克 |
| 去皮鸡胸肉 | 约50克 |
| 巴西里或九层塔 | 适量 |
| 小柑橘 | 约50克 |

☺ 意式的红白酒醋或台湾常见的果醋（梅醋、苹果醋），甚至是柑橘类的果汁（柠檬汁、柳橙汁、蜜柑汁）都是制作低卡酱汁的好选择。

# 法式芥末鲔鱼沙拉

Level 6　生菜2片撕小块

Level 5　水煮鲔鱼50克

Level 4　杏仁片少许
　　　　（轻断食可省）

Level 3　洋葱切末、蘑菇切片、
　　　　玉米粒

Level 2　胡萝卜切小丁或刨丝、
　　　　小黄瓜切丁

Level 1　芥末沙拉酱

比起日式芥末的呛辣，口感微酸的法式黄芥末籽酱质地柔滑，浓郁中带着辛香，若有似无，却让人无法忽视它的存在。法式黄芥末酱搭配洋葱及美乃滋，这款辛辣中微带酸甜的组合，是我最爱的西式鲔鱼沙拉风味。

**健康食材——芥末**

芥末有发汗、开胃消食的功效。对于预防血管凝块、治疗气喘也有一定的功效。其呛鼻的主要成分为硫氰酸盐，可预防蛀牙也能预防癌症。

| 材料（1人份） | |
|---|---|
| **芥末沙拉酱** | 法式黄芥末酱½～1小匙、柠檬汁1小匙、蜂蜜1小匙、低卡美乃滋1大匙 |
| **盐** | 适量 |
| **胡萝卜** | 30克 |
| **小黄瓜** | 30克 |
| **洋葱** | 30克 |
| **蘑菇** | 30克 |
| **玉米粒** | 2大匙 |
| **杏仁片** | 少许 |
| **水煮鲔鱼** | 50克 |
| **生菜叶** | 2片 |

# 芒果优格水果沙拉

Level 5 草莓

Level 4 芒果

Level 3 苹果

Level 2 木瓜

Level 1 芒果优格酱

选对时间吃水果很重要。陈旺全中医师说："早上吃水果是金，中午是银，晚上是铜，最糟的就是睡前吃。"

这款优格水果沙拉很适合拿来当作早餐菜单，水果也可以依照时令节气跟喜好自行搭配。除了食谱里的，哈密瓜、芭乐、葡萄、凤梨也都是不错的低卡高纤维水果。

材料（1人份）

| 木瓜 | 约50克 | 芒果 | 约80克 |
|---|---|---|---|
| 草莓 | 约35克 | 西洋梨 | 约50克 |
| 苹果 | 约35克 | 芒果优格酱 | 3大匙 |

做法

1 将木瓜、西洋梨、芒果去皮去籽去核后切丁，苹果洗净后去籽切丁、草莓洗净去除蒂头后切丁。

2 制作芒果优格酱（材料做法请见 P49）。

3 将芒果优格酱倒入玻璃罐中，再依序摆入水果丁即完成。

在美国相当风靡隔夜冷泡燕麦，原因很简单，就是简便又营养，且变化丰富，只要利用睡前组装食材到果酱罐中，起床就有美味的早餐，还可以作为轻断食的午餐，同样方便准备与携带。我通常会准备240~250毫升容量的罐子（或玻璃罐），盛装的食材刚刚好差不多就是一人份。

果酱罐冷泡燕麦主要的成分包含燕麦、液体类（鲜奶、豆浆、杏仁奶、榛果奶、巧克力奶、优格等）、坚果或果干（核桃、榛果、杏仁、南瓜子、腰果、葡萄干、蔓越莓干、凤梨干、杏桃干、樱桃干等）、新鲜水果（苹果、香蕉、蓝莓、草莓、覆盆子、香瓜、芒果等），以及增添风味用的果酱、枫糖浆、龙舌糖浆或蜂蜜等。

上述食材可依个人口味及喜好搭配，也很适合带着孩子一起准备自己的早餐。喜欢热食的，也可以将泡好的燕麦连同玻璃瓶，取下瓶盖后，放入微波炉稍微加热，或是用浸泡热水的方式回温。

燕麦的种类很多，我常使用的是将燕麦蒸熟后压扁而成，即市售常见的燕麦片；若是使用即食燕麦（Quick Oats），因为更薄，吸水性更佳，料理时间也更短，浸泡一夜后的口感会略比前者软烂浓稠。

轻松享受美味轻断食餐

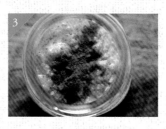

冷泡
燕麦罐

258
大卡

# 苹果肉桂核桃

1 将鲜奶与燕麦放入玻璃罐中。

2 取半个苹果，一半用磨泥器磨成果泥，一半切成丁。

3 接着，将果泥、枫糖浆及葡萄干加入玻璃罐中。最后，淋上肉桂粉，食用前再放入苹果丁、核桃碎（苹果丁可在食用前再切即可）。

☺ 更美味的做法是用煮过的苹果泥，也比较不容易氧化泛黄。

| 材料（1人份） | |
| --- | --- |
| 燕麦片 | 约30克 |
| 低脂鲜奶 | 100克 |
| 苹果 | 约70克 |
| 葡萄干 | 1小匙 |
| 枫糖 | ½大匙 |
| 核桃 | 约3克 |
| 肉桂粉 | 适量 |

一天的好心情，从不造成身体负担的早午餐开始

冷泡<br/>燕麦罐

259 大卡

# 榛果香蕉莓果

1 将杏仁奶及枫糖倒入玻璃罐中。

2 加入燕麦片。

3 放入切块的香蕉后，放入冰箱冷藏一夜，食用前加入蓝莓、覆盆子及榛果。

## 材料（1人份）

| | |
|---|---|
| 燕麦片 | 约30克 |
| 杏仁奶 | 150克 |
| 新鲜蓝莓 | 10个 |
| 新鲜香蕉 | 约50克 |
| 新鲜覆盆子 | 约20克 |
| 榛果碎 | 约5克 |
| 枫糖 | ½大匙 |

# 丰富美味的
# 晚餐

晚餐一直是我们家很重视的一段时光，
实行轻断食还是有很多很棒的选择及料理能与全家人共享。
孩子们现在都知道星期一和星期四是我的轻断食日，
也会期待地询问："今晚我们会吃什么呢？"

锅物

265
大卡

# 豆浆火锅

豆浆和鲜奶皆为方便又低卡的汤底，其中的蛋白质又会让汤头多了一股浓郁的香气。只要在煮火锅的同时，放入干柴鱼片或昆布，就能省却熬汤头的麻烦。

## 健康食材——豆浆

豆浆含大量的优质大豆蛋白质可降低胆固醇预防心血管疾病。其中的大豆异黄酮除了具有丰胸的功效外，也能抑制骨骼中的钙质流失，预防骨质疏松。

**材料（1人份）**

| | | | |
|---|---|---|---|
| 豆浆 | 250毫升 | 蘑菇 | 50克 |
| 水+1片昆布 | 350毫升 | 绿花椰菜 | 60克 |
| 嫩豆腐 | ½盒 | 茼蒿 | 100克 |
| 卷心菜 | 100克 | 甜椒 | 约40克 |
| 金针菇 | 80克 | 海盐 | 适量 |

1 将昆布与水放入汤锅中，以中小火熬煮昆布汤头。

2 煮开后，放入食材，在食材将熟之前，加入豆浆，再次煮开后熄火。

☺ 料理时有项小秘诀，请先以一半的水（加柴鱼或昆布）来煮食材，等到要起锅时，再加入豆浆或鲜奶，一煮开即熄火，就能避免冒出大量浮泡，也不会因久煮而破坏豆浆及鲜奶中的蛋白质与营养成分。

219
大卡

# 泡菜鱼片豆腐煲

我喜欢拿泡菜来入菜，一是其所含的酵素能软化肉质，二来是它本身丰富的滋味，让汤头不需多做调味就很鲜甜，煮上一大锅什锦蔬菜配上油脂含量低的白肉鱼，既能满足想吃火锅的欲望，又少了一般火锅惊人的热量。

### 健康食材——泡菜

美国健康杂志曾把"泡菜"列为五大健康食物之一。泡菜富含植物纤维、热量又低，其中的辣椒素更能促进新陈代谢，加快脂肪燃烧，因此，是低卡料理中常用的食材。

| 材料（1人份） | | 调味料 | |
| --- | --- | --- | --- |
| 鳕鱼 | 100克 | 辣椒粉 | 1小匙 |
| 豆腐 | 80克 | 盐 | 适量 |
| 卷心菜 | 50克 | 糖 | 1小匙 |
| 豆芽 | 约50克 | | （轻断食不加） |
| 洋葱 | 30克 | | |
| 茼蒿 | 100克 | | |
| 泡菜 | 120克（含泡菜汁2~3大匙） | | |
| 蒜头 | 1瓣 | | |
| 香菜 | 少许 | | |
| 水 | 适量（600~700毫升） | | |

1 将洋葱、蒜泥、泡菜、卷心菜与调味料一同放入汤锅中。

2 煮开后，先放入鱼片，烫熟后与部分泡菜及卷心菜捞起在大碗中（为免太多水稀释汤头的味道，在此采用分段式煮法）。

3 放入茼蒿、豆芽及豆腐，再次煮开汤头，即可倒入大碗中，淋上香菜及辣椒粉。

# 泡菜韩式辣酱豆腐锅

韩式辣豆腐锅算是我们最爱的韩国料理之一，轻断食时，我也很喜欢准备这道辣豆腐锅，酸酸辣辣的，让人爱不释口。重点是10分钟内就能搞定。想减少热量的做法是省略鸡蛋，增加菇类、青菜类的食材。（金针菇一把大概26大卡、卷心菜2片大概11大卡）

## 健康食材——茼蒿

茼蒿具养心安神、降压补脑的功效，丰富的纤维素更有助于肠胃蠕动、帮助消化。此外，茼蒿还含有大量的钠、钾等矿物盐，有利于体内水分的代谢，消除水肿。

| 材料（1人份） | | 调味料 | |
| --- | --- | --- | --- |
| 虾 | 3~4只 | 辣椒酱 | 2小匙 |
| 嫩豆腐 | ½盒 | 辣椒粉 | 3小匙 |
| 金针菇 | 切段，100克 | 蒜头 | 3~5瓣压泥 |
| 山茼蒿 | 60克 | 盐 | 适量 |
| 洋葱 | ⅓颗切丝 | 鱼露 | 1~2小匙（可不加） |
| 卷心菜 | 约50克 | | |
| 绿辣椒 | 1个，切片 | | |
| 鸡蛋 | 1个 | | |
| 水 | 600毫升 | | |
| （或柴鱼昆布高汤） | | | |

 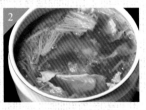 

1 取一汤锅，放入高汤、洋葱丝、蒜头、绿辣椒及调味料一起熬煮。

2 汤开后，放入卷心菜、金针菇、豆腐及鸡蛋。

3 起锅前，放入虾及山茼蒿，待煮熟后，淋上辣椒酱（若喜欢吃半熟蛋，可以在此步骤再下鸡蛋）。

200 大卡 **泡菜牡蛎百菇锅**

用牡蛎取代肉片作为泡菜锅的主食，汤头会更加鲜甜且热量低。搭配上高纤维低热量的什锦菇类，还有什么比这一锅更养颜与养生了呢？

健康食材——牡蛎

牡蛎富含高品质的蛋白质（含18种以上的氨基酸），更具有丰富的锌、铁与铜，能补血养颜，提高免疫力及促进新陈代谢。

| 材料（1人份） | | 调味料 | |
|---|---|---|---|
| 牡蛎 | 100克 | 辣椒粉 | 1小匙 |
| 大白菜 | 100克 | 盐 | 适量 |
| 金针菇 | 100克 | | |
| 杏鲍菇 | 50克 | | |
| 泡菜 | 120克（含泡菜汁2~3大匙） | | |
| 香菜 | 少许 | | |
| 昆布高汤 | 适量 | | |
| （或柴鱼高汤） | | | |

1 将泡菜、高汤、辣椒粉、盐及大白菜梗放入汤锅中，大火煮开。

2 接着，放入菇类及大白菜叶菜的部分煮滚。

3 最后，起锅前放入牡蛎及香菜即可熄火，用余温来烫熟牡蛎。

**172 大卡**

# 电锅：日式综合鲜菇茶碗蒸

这道料理中的菇类分量很多，我将部分淋在蛋上面，其余的就加点开水淋上七味粉与葱花当汤喝，食完一份相当具有饱腹感。

**健康食材——菇类**

菇类热量低、纤维高、蛋白质含量丰富，其中的多糖体具有抗血压和抗癌的保健功效，也是许多人喜爱的健康食材。

| 材料（2人份） | | 汤 | |
|---|---|---|---|
| 昆布高汤 | 300毫升 | 水 | 8大匙 |
| 蛋 | 3个 | 日式干贝酱油 | 2大匙 |
| 金针菇 | 100克 | 七味唐辛子 | 适量 |
| 干香菇 | 2朵 | | |
| 洋葱 | 60克 | | |
| 蒜 | 1瓣 | | |
| 香菜及葱花 | 少许 | | |

☺ 非轻断食期间高汤可改用日式酱油，偷懒的做法就是清水＋昆布粉。

1 制作高汤的步骤是将昆布洗净泡在清水里半小时，放到炉火上煮开，再加入适量盐。

2 将鸡蛋与放凉的高汤搅拌均匀后，用滤网过筛到泡沫变细且小。

3 倒入适当的容器中，用厨房纸巾把表面的泡沫吸起来（让蒸出来的茶碗蒸表面没有孔洞）。

4 电锅中倒扣一碗，再放入装有蛋汁的容器（避免因容器接触锅底受热过高而产生孔洞）。外锅放一杯水，盖上锅盖（留下一点缝隙），按下电源。

5 在蒸蛋的同时制作鲜菇淋酱。不粘锅中先放入菇类炒至稍微出水，接着，放入洋葱、蒜末炒香。

6 倒入酱油及水，稍微煨煮到酱汁变浓稠（菇类丰富的多糖体就是最天然的勾芡食材），淋上香菜及七味唐辛子，淋在蒸好的蛋上。

☺ 在萝家，茶碗蒸是非常受欢迎的一道料理，如果加大分量制作，就能在准备轻断食餐的同时也准备好家人的菜肴。

轻松享受美味轻断食餐

简餐

223~335
大卡

# 电 锅： 西 班 牙 海 鲜 炖 饭

西班牙海鲜炖饭（Paella）可说是西班牙小酒馆里最热门的菜肴之一。满满的海鲜配上以藏红花煨煮成漂亮黄金色的米粒，若依传统做法实在是相当耗时费工。想吃炖饭又懒得花时间的人，不妨利用一整锅番茄饭的概念来制作，既省事简单又相当美味。

| 材料（2~3人份） | | 调味料 | |
|---|---|---|---|
| 意大利米（或白米） | 约100克 | 盐 | 适量 |
| 柴鱼高汤（或水） | 约100克 | 粗粒黑胡椒粉 | 适量 |
| 白酒 | 2大匙 | | |
| 虾 | 8~10只 | | |
| 淡菜（或蛤蜊10只） | 净重约30克（选蛤蜊热量较低） | | |
| 新鲜干贝 | 1个 | | |
| 白肉鱼 | 约60克 | | |
| 红葱头 | 1颗切丁 | | |
| 蒜头 | 6瓣切末 | | |
| 月桂叶 | 2片（可有可无） | | |
| 藏红花 | 少许 | | |
| 红甜椒 | 切块，约50克 | | |
| 番茄 | 约100克 | | |
| 九层塔 | 适量 | | |
| 柠檬 | 1颗切片（可有可无） | | |

1 取一不粘锅爆香蒜末及红葱。

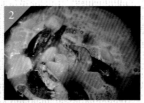

2 放入海鲜，拌炒至虾壳变红，然后倒入白酒煨煮。

3 留下高汤，取出炒好的海鲜料备用。

4 将洗净的白米、番茄、鱼片、水及锅里的高汤放入内锅中，加入藏红花粉拌匀。

5 外锅加入1米杯水，按下电源。待电源跳起，以饭勺将锅中的番茄压烂，并搅拌均匀。

6 下海鲜料及九层塔，外锅放0.2米杯的水，再按一次电源。

7 待电源再次跳起后，加入红椒拌匀后即可盛盘（可挤上一些柠檬汁或用烙过的甜椒风味更加）。

**健康食材——藏红花**

　　藏红花是著名珍贵的中药材，《本草纲目》记载有镇静镇痛、解忧安神、活血去瘀之效。早期欧洲人拿来治疗呼吸道感染及哮喘等疾病。藏红花亦具有清除血中的脂肪、降血压、降低胆固醇等功效。现代医学亦会使用在抗癌、调理免疫系统上。

轻松享受美味轻断食餐

# 墨西哥鸡肉卷饼

在瑞典有个不成文的习俗，那就是每周五超市贩售着许多种类的香料粉及卷饼皮，家家户户也喜欢在这天吃墨西哥卷饼，再搭配电影来庆祝小周末。

### 健康食材——甜椒

甜椒的风味与墨西哥香料非常合拍。甜椒中富含纤维质、维生素及椒红素，能抗氧化，防止身体老化并促使体内细胞活化，还能增加人体里好的胆固醇，以预防心血管疾病。

## 材料（3人份）

| | | | |
|---|---|---|---|
| 鸡胸肉 | 300克 | 墨西哥香料 | 适量 |
| 洋葱 | 约90克 | 生菜 | 100克 |
| 甜椒三色 | 150克 | 墨西哥卷饼皮 | 3张 |
| 节瓜 | 100克 | 香菜 | 少许 |
| 蒜头 | 4瓣 | 橄榄油 | 2小匙 |

1 不粘锅加入橄榄油，拌炒洋葱至软化透明。

2 加入鸡柳拌炒（炒不动时，可加入少许水）。待鸡柳肉色变白后，加入墨西哥香料粉拌炒。

3 放入甜椒、节瓜、生菜及蒜头，拌炒至稍微收汁。起锅前，淋上香菜。

**290大卡**

# 烤三文鱼佐莎莎酱

　　莎莎酱最基本的组合为番茄、洋葱、香菜（或罗勒）及柠檬，而猕猴桃、芒果、凤梨或甜椒则是能变化风味的加项。轻断食期间拿来搭配烤鱼（鲈鱼、三文鱼都合宜）、整条的烤里脊皆为很适合的选择。

| 材料（1人份） | | 配菜 | |
|---|---|---|---|
| 三文鱼 | 80克 | 鹰嘴豆 | 40克 |
| 芒果 | 80克 | 小黄瓜 | 50克 |
| 红椒 | 30克 | 芝麻叶 | 少许 |
| 洋葱 | 1个 | | |
| 香菜 | 适量 | 调味料 | |
| 柠檬汁 | 2大匙 | 盐 | 适量 |
| 辣椒 | 1个 | 粗粒黑胡椒粉 | 适量 |

1 将芒果、红椒、洋葱切丁、香菜切末，放入适当大小的钵中。

2 加入盐、粗粒黑胡椒粉、柠檬汁及辣椒末拌匀。

3 三文鱼两面抹上薄薄的一层盐后，放入烤箱烤（预热200℃烤18~20分钟，视三文鱼大小调整）。

### 健康食材——柠檬

柠檬属碱性，中西医都认为是很好调整身体酸碱值的食材。除了大家耳熟能详的美白及治疗伤风感冒功效外，柠檬中还含大量的维生素C和柠檬酸，可帮助消化、促进造血功能、增强机体抵抗力，还能加速创伤恢复。

☺ 周末若想来顿大餐，不妨以莎莎酱佐上煎得香酥的鸭胸或香草腌过的羊排，均能交织出不同的风味。

☺ 若不想用烤箱的话，也可以铸铁煎锅煎熟后，搭配鹰嘴豆、小黄瓜、芝麻叶及做好的莎莎酱享用。

274
大卡

海鲜巧达浓汤馒头盅

轻松享受美味轻断食餐

一般海鲜巧达汤所选用的白面包，主成分为淀粉，热量较高，我则改以全麦馒头来代替，是健康又美味的好选择。

| 材料（8人份） | | 调味料 | |
|---|---|---|---|
| 马铃薯 | 120克 | 罗勒（或巴西里） | 适量 |
| 洋葱 | 50克 | 盐 | 适量 |
| 蘑菇 | 50克 | 黑胡椒 | 适量 |
| 胡萝卜 | 50克 | | |
| 西洋芹 | 80克 | | |
| 龙虾肉 | 20克 | | |
| （可换成墨鱼或白鱼） | | | |
| 去壳虾 | 60克 | | |
| 蛤蜊 | 50克 | | |
| 低脂鲜奶 | 500克 | | |
| 火腿 | 30克 | | |
| 奶油 | 1小匙 | | |
| 全麦馒头 | 8个 | | |

1 将馒头从1/5处切下馒头盅的盖子，用刀子挖出部分的馒头，切成丁状放入预热200℃的烤箱，烤成酥脆的馒头丁（3~4分钟）。

2 马铃薯放入电锅中蒸熟压成泥。

3 将不粘锅热锅后放入奶油，待熔化后放入洋葱炒香，然后倒入火腿丁及蘑菇炒香。

4 接着，放入马铃薯泥拌炒均匀（用马铃薯这种天然的食材来勾芡，除了更健康也能降低热量）。

5 倒入低脂鲜奶，拌匀后放入西洋芹及胡萝卜丁，盖上锅盖煨煮4~5分钟。

6 加入蛤蛎、虾、龙虾肉（或墨鱼、鱼片），起锅前加入盐、黑胡椒，淋上罗勒，即可盛入馒头盅，再加入烤过的馒头丁。

248
大卡

# 泰式椒麻肉片盖饭

　　泰国料理店的热门菜——椒麻鸡，酸甜中带着麻辣的口感深受大家的喜爱。其实，淋在椒麻鸡上的椒麻酱汁也非常适合拿来当成水煮肉片的淋酱，只要把原本油炸过的鸡肉换成汆烫的里脊肉片，热量顿时大减，更加爽口无负担。

**健康食材——胡椒、花椒**

　　味道辛辣、性热的胡椒，能温补脾肾，有助促进人体血液循环、活络气血、降血压，亦具暖胃、温脾的效果。

| 材料（3人份） | | 椒麻酱 | |
| --- | --- | --- | --- |
| 里脊肉片 | 100克 | 香菜碎 | 适量 |
| 绿豆芽 | 约50克 | 蒜末 | 适量 |
| 小黄瓜 | 50克 | 辣椒丁 | 适量 |
| 白饭 | ⅓碗 | 现磨花胡椒粉 | 适量 |
| 小番茄 | 2个 | 柠檬汁 | 1大匙 |
| | | 鱼露 | 2小匙 |
| | | 糖 | 1小匙 |
| | | 酱油 | 1大匙 |
| | | 水 | 1大匙 |

1 豆芽菜汆烫备用。

2 把烫豆芽的水煮开后，加入米酒和姜片，再放入里脊肉片汆烫。

3 将椒麻酱所有材料搅拌均匀。白饭上依序放上豆芽、肉片，再摆上小黄瓜及小番茄，淋上酱汁。

**218 大卡**

# 味噌烧肉佐生菜

烧烤和炸物，一般人都很难抗拒，其实只要善用一些小技巧，轻断食时还是能大口享受烤物与炸物。一般来说，烤肉酱的热量很高，但只要换成以味噌来调味，就能降低整体热量。

## 健康食材——味噌

味噌中含有两大瘦身美容的祕密武器。一是大豆皂精，能有效抑制吸收过剩的糖类和脂肪；另一个则是类黑精，具有促进肠胃消化及排便的功效，并能抑制血糖上升。

| 材料（3人份） | | 腌料 | |
|---|---|---|---|
| 猪里脊肉片 | 300克 | 姜汁 | ½大匙 |
| 西生菜 | 200克 | 蒜泥 | 约2瓣蒜的量 |
| 葱花 | 适量 | 酱油 | 1大匙 |
| | | 味噌 | ½大匙 |
| | | 味啉 | 1½大匙 |
| | | 米酒 | ½大匙 |
| | | 麻油 | ½小匙 |

1 将猪肉片取出，铺上一层保鲜膜，以肉槌敲打去筋（也可用空酒瓶）。

2 以厨房纸巾吸肉片的血水（目的是让肉片能完整吸附腌料，且不会有血水的腥臭味）。

3 把肉片与腌料放入塑胶袋中，封口后摇晃拌匀，腌渍6小时。

4 西生菜洗净后，以去水器甩干或用厨房纸巾吸干水分备用（擦干菜叶上的水分，才不至于稀释烤肉酱料）。

5 把腌好的肉片放至烤肉架上，烤至两面上色，将烤好的肉片放西生菜上包起来食用。

😊 肉片也可放入烤箱中烤，或像我一样用铸铁平底锅煎也可以。

😊 这道味噌烧肉除了搭配生菜，烤肉的同时也可以顺便烤一些蔬菜，如节瓜、菇类或花椰菜，烤好后拌上一些蒜泥及喜欢的香料，就着烤肉吃也很享受。

# 白花椰菜番茄炒饭

料多味美的炒饭深受大家欢迎，不过，若不小心就会吃下了过多的热量。利用花椰菜这个魔法食材可替炒饭变身，炒过的花椰菜不但有炒饭的味道，热量也只有炒饭的1/5，吃起来更健康。

## 健康食材——白花椰菜

白花椰菜含有丰富的铬可让胰岛素发挥帮助降血糖、血脂的作用，其所含的钾，也有助于降低高血压。白花椰菜含水量高达90%，摄取后容易让人产生饱腹感，热量又低，是非常健康养生的食材。

| 材料（1人份） | | 调味料 | |
|---|---|---|---|
| 绿花椰菜 | 约60克 | 番茄酱 | 1大匙 |
| 白花椰菜 | 约125克 | 咖喱粉 | ½小匙 |
| 草虾 | 去壳后约50克 | 盐 | ¼小匙 |
| 鸡蛋 | 约50克 | 粗粒黑胡椒粉 | 适量 |
| 玉米粒 | 适量 | | |
| 甜椒 | 约40克 | | |
| 小番茄 | 3个 | | |
| 青葱 | 半支 | | |
| 蒜瓣 | 2~3瓣压泥 | | |

1 干锅放入虾仁，煎到两面金黄。

2 白花椰菜洗净后切成小末备用（用来佯装成米饭，但热量却只有1/5）。

3 起油锅，放入打散的鸡蛋，炒香成鸡蛋碎。

4 放入白花椰菜末、蒜末及除番茄酱之外的调味料，拌炒至白花椰菜稍微出水。

5 将玉米粒、甜椒丁、绿花椰菜放入锅中，再拌炒均匀。加入小番茄丁及番茄酱拌匀。

6 起锅前，淋上葱花。

☺ 我很喜欢番茄酱与咖喱粉所交织出的风味，料理的成品不但色泽漂亮，尝起来的滋味更具有丰富的层次，绝对能满足你的味蕾。

**243**
大卡

# 泡椒纸蒸鱼片豆腐

　　制作这道泡椒纸蒸鱼片时，刚好家中的川味泡椒用完了，念头一转，拿了同样发酵过的墨西哥绿辣椒来替代，风味上有着异曲同工之妙，更省去了加豆瓣酱及过油的步骤。此外，还拿了清爽的凤梨与番茄来调制蒸鱼酱料，将莎莎酱的概念运用在蒸鱼上，没想到效果出奇的好，绝对要试试。

| 材料（2人份） | | 蒸鱼酱 | |
|---|---|---|---|
| 鲷鱼片 | 200克 | 绿辣椒 | 1支 |
| 豆腐 | 200克 | 红辣椒 | 1支 |
| 杏鲍菇 | 30克 | 凤梨 | 约30克 |
| 泡发黑木耳 | 20克 | 香菜梗 | 1大匙 |
| 香菜叶 | 少许 | 洋葱 | 30克 |
| | | 蒜压泥 | 2~3瓣 |
| | | 鱼露 | 1大匙 |
| | | 柠檬汁 | 1大匙 |
| | | 味啉 | 1大匙 |
| | | 小番茄 | 2~3颗 |

1 取一张烘焙纸，依序铺上切片的豆腐、杏鲍菇、鱼片、黑木耳、香菜叶。

2 将蒸鱼酱所有的材料放入小钵中，用食物调理棒打成泥状（若没有，把材料切末拌匀亦可）。

3 将制作好的蒸鱼酱均匀地铺在鱼片上。

4 先拉起烘焙纸长边的两边折起固定后，再折起短边包好。接着，放入平底锅中，盖上锅盖，以中大火加热10~12分钟。

:) 纸蒸系列完全不使用半滴油来烹调，只需将所有的食材堆叠好淋上酱料再包起来，放入平底锅中等待10分钟就能完成，不但零技术含量，还能让旁人看起来很厉害。虾肉、鱼肉或片薄的肉片都可以作为主食材，而椒麻、药膳、酱烧则可以拿来调味。

:) 在料理轻断餐时，若是遇到需要同时用米酒跟糖来调味时，就会改用味啉来取代，可以达到类似的效果，却少了许多热量。

# 免炸猪排佐和风金橘酱

比起市售的日式炸猪排酱，我更偏爱以白萝卜搭配柑橘类（或梅子）果汁，再与日式酱油葱花调配而成的和风酱。酸酸甜甜的口感除了相当解腻开胃之外，柠檬与梅子都属于碱性食材，能平衡体内酸碱值，活化体内机能、增强抵抗力，也能有效降低胆固醇。

**健康食材——金橘**

金橘除了富含维生素C外，果皮中更含有超氧化物歧化酶，是重要的抗氧化剂，能保护细胞免受氧化损伤老化。除了常用来治疗伤风咳嗽外，对肝脏的解毒、眼睛的保健、增强免疫系统功能都颇具功效。

| 材料（1人份） | | 萝卜金橘酱 | |
|---|---|---|---|
| 猪里脊 | 约100克 | 萝卜泥 | 1大匙 |
| 自制免炸炸排粉 | 15克 | 金橘或柠檬汁 | 1大匙 |
| 鸡蛋液 | 约10克 | 昆布酱油 | 2大匙 |
| 卷心菜丝 | 50克 | | |
| 黄瓜 | 50克 | | |
| 盐 | 适量 | | |
| 粗粒黑胡椒 | 适量 | | |

1 里脊肉先以刀背敲过，再用肉槌拍扁至1.5倍大（若没有肉槌，也可拿空酒瓶底部敲扁）。

2 在里脊肉片上淋上适量的盐及粗粒黑胡椒。

3 肉片两面皆均匀地蘸上一层薄薄的蛋液。

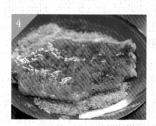

4 再蘸上一层自制免炸炸排粉（如果炸排粉蘸得不够均匀，可以再重复3及4一次）。

5 将肉排放在烤架上。烤箱预热200℃，一面烤8分钟。

6 翻面再烤8分钟，即可取出切条。

☺ 我会在大的烤盘内先铺上烘焙纸，再放上小网架，再于网架上放猪排，这样烤出来的猪排就会非常酥脆，否则压在下方没烤到的那面，就会比较湿黏也没那么好吃。

# 专栏：自制免炸炸排粉

　　说也奇怪，越是不健康的食物，越是易讨大人、小孩的欢心，像是油炸类的薯条、咸酥鸡或猪排，外头买的，不卫生；自己在家做，小家庭开一次炸锅的成本又太高，也是许多煮妇的困扰。

　　为了家人的健康以及让自己在轻断食期间也能满足口腹之欲，我小小改变了烹调方式，利用玉米片酥脆的口感，吃在嘴里一样咯吱作响，热量却少了一大半。

材料（1大匙）

| | |
|---|---|
| 面包粉 | 35克 |
| 玉米片 | 25克 |
| 橄榄油 | 10克 |

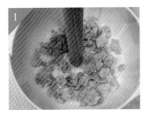

1 将玉米片捣碎后，与面包粉混合均匀。

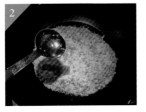

2 以不粘锅干锅小火炒香1的粉类。徐徐倒入橄榄油，边加边炒，让油脂均匀地被粉类吸收。

　　:-) 若非轻断食期间，橄榄油用量我会用到15~20克，烤出来的效果会更香、更酥脆。

**料理教室
一锅出
意大利面**

有一天做葱烧煀面时，刚好看到朋友分享他煮面的方法，细看之后心想，果然中西料理的手法还是颇有雷同之处，我们的煀面也是一锅到底的概念。ONE POT PASTA 顾名思义就是只用一只锅煮意大利面，不需另煮面条或酱汁，直接利用面条里的淀粉质稠化锅里的酱汁，一锅到底，一气呵成。

读过国外几篇一锅出意大利面的制作分享，大部分都是一开始就把面、所有食材及调味料同时入锅，然后注入水分，大火煮开后，盖上锅盖转至中火焖煮，中途再开盖搅拌，至汤汁开始浓稠收汁后关火静置，食用前再淋上奶酪及香草就完成。

不过，意大利面的种类繁多，不同面条煮熟所需的时间不一，该如何只用一只锅就要把面条煮得弹牙软滑，水量及时间的掌控就必须依面条而异。

一般来说，细短的面条烹煮时间自然短（如天使细面、通心粉），食材就要搭配煮熟时间短的，厚的、粗的面条所需烹煮的时间较长，可搭配一些适合炖煮的食材。如果讲究口感，则不需拘泥于"一锅到底""一次入锅"的料理手法，多花点工序，依照食材熟的时间分次入锅（易熟的最后下锅）。

除了食材下锅的顺序，有些食材我仍要认为得入锅煸过后，香气才会出来，尤其像接下来要分享的主食——海虾。煸过后，香气绝对会更上一层楼，因此，还是不建议省略掉这一步骤。

以下列出几项制作"一锅出意大利面"的小贴士给大家，之后可以自行变化。

✓ 选择一只带盖、宽口，有点深度的锅（方便煮面时的焖煮及之后的拌炒）。
✓ 食材与面条的搭配，尽量让熟的时间一致。
✓ 肉类选易熟的鸡肉、香肠、培根、绞肉、五花肉片。
✓ 海鲜选虾、蛤蛎、三文鱼、白鱼片。
✓ 蔬菜类则建议使用节瓜、四季豆、花椰菜、蘑菇、番茄或是起锅前放的菠菜、甜椒。

276
大卡

# 香辣蒜味鲜虾车轮面

　　单纯用干辣椒、蒜头爆香所炒的意大利面，本来就在我的快手菜单之列，热量也比白酱、红酱、青酱等口味还要低。讲究一点，我还会事先将辣椒及蒜片浸泡在橄榄油中，再用带着辣椒蒜香味的橄榄油料理。不过，轻断食的精神就是要尽可能地减低用油量，所以这里介绍的做法是直接爆香即可。

| 材料（1人份） | | 调味料 | |
|---|---|---|---|
| 意大利车轮面 | 40克 | 盐 | 适量 |
| 绿花椰菜 | 约50克 | 意大利香料 | 适量 |
| 西洋芹 | 20克 | 现磨花椒粉 | 适量 |
| 小蘑菇 | 约50克 | | |
| 虾 | 4~5只 | | |
| 蒜头 | 2瓣 | | |
| 干辣椒 | 1支 | | |
| 橄榄油 | 1小匙，用厨房纸巾擦 | | |
| 水 | 250~280毫升 | | |

1 热锅，倒入橄榄油后，以厨房纸巾擦过，放入蒜片爆香，干煎去壳的虾。

2 取出虾后，加入干辣椒、蘑菇、花椰菜、西洋芹拌炒（可稍微加点水）。

3 等到蘑菇片略上色且散出香味后，放入车轮面及水。大火煮开后，盖上锅盖煨煮5分钟后，先夹出花椰菜。

4 拌炒一下，再盖上锅盖继续煨煮4~5分钟。待车轮面熟、汤汁稍微收干后，即可倒回虾、花椰菜，拌炒均匀。

**健康食材——辣椒**

　　类肾上腺素的植物萃取物能让脂肪细胞燃烧，有助于瘦身。而辣椒中的辣椒素，更有助于脂肪分解燃烧。此外，辣椒中所含的维生素C也非常多。

# 塔香番茄蛤蜊天使细面

这是一道10分钟内就能完成的快手菜，番茄、九层塔跟蛤蜊，让这道料理鲜、香、甜皆具备，只需加点儿盐、胡椒提味就很美味。

| 材料（1人份） | | 调味料 | |
|---|---|---|---|
| 天使细面 | 50克 | 盐 | 适量 |
| 洋葱 | 约30克 | 粗粒黑胡椒 | 适量 |
| 蒜头 | 2瓣 | （嗜辣的可以加点干辣椒） | |
| 九层塔或罗勒 | 1大把 | | |
| 番茄 | 约50克 | | |
| 蛤蛎 | 15个 | | |
| 橄榄油 | 1小匙 | | |
| 热水（非轻断食期间，我会改用白酒） | 约130毫升 | | |

1 起油锅，倒入橄榄油，爆香洋葱丝及蒜泥。

2 加入番茄丁拌炒。

3 接着，加入蛤蛎、天使细面、九层塔、调味料及热水。

4 待面条软化后，稍微用锅铲把面拌匀，使其能均匀地泡在汤汁中。

5 中火煮6~7分钟至汤汁稍微收干，面条熟即可熄火。

### 健康食材——番茄

番茄中的番茄红素具有抗自由基的作用，不仅可以抗衰老，还兼具美容养颜的功效。由于茄红素是脂溶性的，最好和油脂一起烹煮过，才会释放出来并被人体吸收。

凉拌

274
大卡

# 凉拌五行荞麦面

制作凉拌时，我偏爱还用五色食材，一来颜色缤纷漂亮，看了食欲大开，二来更可兼顾到营养均衡。酱汁部分则选用市售品质口碑良好的柴鱼、昆布或干贝酱油，基本上，不需要再做过多的调味，只要在香辛料部分稍做变化，就能呈现出不同的风味。

| 材料（1人份） | | 蘸 酱 | |
|---|---|---|---|
| 荞麦面 | 50克 | 昆布酱油 | 2大匙 |
| 荳芽 | 100克 | 水 | 1大匙 |
| 舞菇 | 50克 | 盐 | 少许 |
| 胡萝卜 | 30克 | 葱花 | 少许 |
| 小黄瓜 | 50克 | 七味粉 | 少许 |
| 鳄梨 | 约30克 | | |
| 珊瑚海藻 | 4克，热水泡软 | | |
| 山葵 | 适量 | | |

1 煮一锅水，氽烫荞麦面。煮好后以冰水浸泡冰镇，沥干水分备用。

2 同锅水继续氽烫豆芽菜及舞菇。

3 烫菜的同时，将胡萝卜切丝、小黄瓜切片。

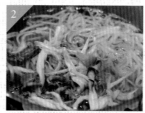

4 鳄梨对切后挖出30克，用汤匙压成泥，再与少许盐拌匀备用。

5 调酱汁并组合摆盘。

**健康食材——山葵**

　　山葵，含有丰富的微量元素以及不饱和的有机硫化物，具保护心脏、预防动脉硬化、降血脂及胆固醇的功效。

　　山葵的独特气味是由异硫氰酸盐而来，日本研究人员发现，异硫氰酸盐可以中和口腔的酸性，防止蛀牙菌繁殖，对于预防癌症、血液凝块，治疗气喘也有一定的效果。

:) 这道日式风味的荞麦面搭配的是七味粉及芥末。此外，葱花、姜末、萝卜泥或是带酸味的柠檬汁、金橘汁，都能让看似简单的酱汁呈现出丰富且多变的滋味。

# 凉拌五色河粉

这道凉拌五色河粉的食材与五行荞麦面非常相似，不妨列在同周的菜单一起准备，以免为剩余的食材伤脑筋。酱汁部分则是把芥末及七味粉等和风元素，更换成葱花、辣椒、蒜末及香菜，再加上点乌醋，摇身一变就是台味十足的凉拌口味。

| 材料（1人份） | | 调味料 | |
|---|---|---|---|
| 河粉 | 50克 | 昆布酱油 | 2大匙 |
| 豆芽 | 100克 | 乌醋 | 1大匙 |
| 舞菇 | 50克 | 味啉 | 1小匙 |
| 干海带芽 | 4克泡软 | 蒜 | 2瓣压泥 |
| 胡萝卜 | 30克 | 葱花 | 适量 |
| 玉米粒 | 30克 | 辣椒末 | 适量 |
| | | 香菜 | 适量 |

1 将河粉放入开水中烫至9分熟，捞起来冲过冷开水后沥干。

2 将豆芽及舞菇放入开水中烫熟，捞起沥干。

3 利用水锅里的余温泡开海带芽，捞起备用。

4 将调味料里所有材料搅拌均匀。

5 把凉拌河粉的所有食材及调味料放入大钵中，搅拌均匀。

**健康食材——海带芽**

研究发现，海带芽含有的昆布氨酸和褐藻酸有降低血压和防止动脉硬化的作用，还能降低血液中的胆固醇。此外，它还含有大量的维生素E、维生素C和膳食纤维，热量低且富含胶质，是很好的美容健康食品。

☺ 吃素者可在调味上以少许姜末来取代葱蒜。

☺ 除了轻断食的酱料外，加点沙茶酱，就是很棒的火锅蘸酱。

☺ 用白萝卜泥取代味啉、柠檬汁取代乌醋，就变成日式炸猪排的蘸酱。

# 川味凉拌大拉皮

268
大卡

如果你是面食控，那么，低热量的绿豆粉皮、寒天冬粉、枸杞面都是轻断食期间的好选择。虽然地道的川味凉拌鸡丝拉皮得用上花椒油和辣椒红油才够味，但改用现磨的花椒粉和干辣椒末也有异曲同工之妙，热量又减少许多，一样能享受痛快淋漓的辣感。

| 材料（1人份） | | 调味料 | |
|---|---|---|---|
| 小黄瓜 | 100克 | 鲣鱼酱油 | 3大匙 |
| 胡萝卜 | 50克 | 乌醋 | 2大匙 |
| 黑木耳 | 50克，或干的10~15克 | 干辣椒粉 | 适量 |
| 绿豆宽干粉皮 | 50克 | 现磨花椒粉 | 适量 |
| 鸡胸肉 | 85克 | | |
| 姜片 | 3片 | | |
| 蒜头 | 3瓣 | | |
| 香菜 | 适量 | | |
| 青葱 | 适量 | | |

1 鸡胸肉洗净去皮后，淋上一些盐，铺上姜片放入电锅蒸熟，取出后撕成细丝备用。

**健康食材——鸡胸肉**

鸡胸肉的蛋白质含量高又易于被人体吸收，加上脂肪热量低，非常适合拿来当作轻断食的主食。

《本草纲目》记载，鸡肉具补中益气、健脾胃、活血脉、强筋骨的功效。

2 小黄瓜、胡萝卜切薄片，小黑木耳泡软后放入锅中汆烫（我一般都在煮汤时，顺便放入菜汤锅里烫）。

3 绿豆粉皮用温热水泡软后，放入锅中汆烫至9分熟（不要太烂，否则凉拌时易断），捞起用冰开水冲凉沥干备用。

4 将所有材料放入一大钵中，加入蒜泥、葱花、香菜末及所有调味料拌匀。

# 泰式凉拌鸡丝青木瓜沙拉

原本我只把凉拌青木瓜丝当作开胃菜，直到在越南餐厅看到店家把青木瓜丝作为沙拉基底，搭配上鲜虾或是鸡丝就成为一道商业午餐，才给了我这道轻断食餐的灵感。

轻松享受美味轻断食餐

| 材料（1人份） | | 调味料 | |
|---|---|---|---|
| 青木瓜 | 200克 | 鱼露 | 3大匙 |
| 鸡胸肉 | 120克 | 枫糖 | 2大匙 |
| 小番茄 | 100克 | 柠檬汁 | 3大匙 |
| 小黄瓜丝 | 100克 | | |
| 胡萝卜丝 | 50克 | | |
| 洋葱丝 | 60克 | | |
| 香菜 | 适量 | | |
| 辣椒 | 适量 | | |
| 蒜泥 | 2瓣 | | |
| 虾米 | 20克 | | |

1 取一不粘锅，干锅炒香虾米。

### 健康食材——青木瓜

青木瓜具有帮助消化、滋润肌肤、分解体内脂肪及刺激女性激素分泌的功效，可以说是女儿家最好的朋友。

2 将虾米、小番茄、蒜泥与辣椒放入一大钵中，用木杵捣至风味融合。

3 加入调味料及香菜拌匀。

4 放入青木瓜丝、胡萝卜丝、小黄瓜丝及洋葱丝拌匀。最后，摆上蒸熟撕成细丝的鸡丝。

☺ 调味料中的枫糖一般来说会使用砂糖，若想要热量更低可用味啉取代。

# 泰式凉拌墨斗鱼水果沙拉

**318 大卡**

　　我很喜欢以热带水果入菜，不论是酸甜的优格风味、酸辣的莎莎风味，或是这道沙拉示范的泰式甜辣风味，都能带给你不同的享受及变化。使用泰式甜辣酱时，若再加上泰国菜必有的元素——香菜、辣椒、柠檬及鱼露，用来搭配海鲜或肉片都能呈现很棒的效果。

| 材料（1人份） | | 调味料 | |
|---|---|---|---|
| 墨斗鱼 | 150克 | 泰式酸甜酱 | 2小匙 |
| 芒果 | 60克 | 柠檬汁 | 1大匙 |
| 凤梨 | 60克 | 鱼露 | 2小匙 |
| 甜椒 | 50克 | 辣椒末 | 适量 |
| 洋葱 | 20克 | 香菜末 | 适量 |
| 西洋芹 | 50克 | 糖 | 1小匙 |
| 姜片 | 适量 | 蒜 | 1瓣压泥 |
| 米酒 | 一大匙 | | |

1 煮一锅水，先汆烫削皮斜切的西洋芹，捞起备用。

2 同锅水，加入姜片及一大匙米酒（也可加入挤汁剩下的柠檬），汆烫切花片的墨斗鱼。

3 将芒果、甜椒、洋葱切丁，与墨斗鱼和西洋芹放入一大钵中。

4 加入凤梨及调味料拌匀。

**健康食材——墨斗鱼**

墨鱼（墨斗鱼）富含DHA和EPA，以及大量的牛磺酸，可减少血管壁上胆固醇的囤积。此外，更含丰富的钙质、维生素$B_6$、$B_{12}$，能预防骨质疏松和贫血。

## 泰式芒果烤里脊沙拉

220
大卡

开始轻断食后，我渐渐爱上能搭配不同主食的温沙拉，吃起来更像是在享受套餐而不是只有冰冷的沙拉。这道菜也算是泰式椒麻鸡的低卡变化版，煎过的里脊及红椒，多了一股炙烧过的香气，与芒果及椒麻酱搭配，酸甜爽口又香气迷人。

| 材料（1人份） | | 椒麻酱 | |
|---|---|---|---|
| 芒果 | 100克 | 香菜碎 | 适量 |
| 甜椒 | 75克 | 蒜末 | 1瓣 |
| 猪里脊 | 80克 | 辣椒丁 | 适量 |
| 海藻 | 10克 | 柠檬汁 | 1大匙 |
| 萝蔓生菜 | 100克 | 鱼露 | 2小匙 |
| 盐 | 适量 | 糖 | 2小匙 |
| 胡椒 | 适量 | 酱油 | 1大匙 |
| 干辣椒粉 | 适量 | 水 | 1大匙 |

1 猪里脊先抹上一层薄薄的盐、胡椒及干辣椒粉，腌渍1小时备用。

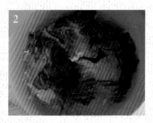

2 海藻用冷水泡软备用。

3 将铸铁煎锅烧热后。放入腌好的猪里脊及切块的红椒。煎至两面呈金黄色且香气出来。

4 调制椒麻酱：把所有材料放在一小钵中，搅拌均匀至砂糖溶化。

5 将煎好的里脊切成适当大小，与芒果、红椒及海藻一起铺在萝蔓生菜上，淋上酱汁。

### 健康食材——海藻

海藻富含蛋白质及丰富的膳食纤维，远高于豆类、五谷类、蔬果类的平均含量，具有抑制血液中胆固醇含量的功效，并能控制血糖。海藻中含有特殊的多糖类，能增强免疫力及抗癌。此外，食用海藻后，海藻的纤维因吸收水分而膨胀，容易产生饱腹感，可避免摄取过量的食物。

# 意式冷面沙拉

221
大卡

刚到瑞典时，曾去朋友家做客，吃到极美味的沙拉，问了该如何调味，他神秘兮兮地翻出N种不同风味的沙拉粉（有法式、意式、希腊、酒醋……），笑笑地说"就靠这个啊！"。

不同沙拉粉只要搭配不同的配菜（面包丁、乳酪丁、玉米粒、虾仁或烤鸡……）、水果（鳄梨、苹果、葡萄、脐橙、芒果、哈密瓜、凤梨、葡萄干……）、生菜（综合生菜、黄瓜、甜椒等），以笔管面通心粉或蝴蝶面当主食，就能轻松做出不同风味组合的沙拉。

| 材料（1人份） | | | |
|---|---|---|---|
| 蝴蝶面 | 33克 | 芒果 | 30克 |
| （宜家的鳌虾造型） | | 黄金猕猴桃 | 半个 |
| 综合生菜 | 150克 | 沙拉粉 | 2克 |
| 甜椒 | 20克 | 橄榄油 | 1小匙 |

1 将蝴蝶面放入滚水中，依包装上指示的时间煮熟后，捞起泡冷水备用。

2 将生菜洗净后，放入脱水篮中转干。

3 将水果切丁、甜椒切丝。

4 把所有材料放入钵中，加入沙拉粉及橄榄油拌匀。

**健康食材——猕猴桃**

　　低脂低热量的猕猴桃含丰富维生素C、叶酸、钙质、膳食纤维及钾，一个猕猴桃中的维生素E含量更可提供每日所需的1/3。其所含的维生素$B_6$，能提高蛋白质的代谢能力，促进身体的组织和皮肤再生，并有助于女性激素分泌正常。

　　猕猴桃中的膳食纤维有1/3是果胶，而果胶则被认为具有降低血中胆固醇浓度，进而有预防心脏病的功能。

生菜沙拉好吃的秘诀就是生菜要干，否则，水分会稀释调味汁。

# 免炸优格香草鸡柳沙拉

（225 大卡）

拿优格来做腌料的好处是热量低，能软化肉质，搭配上不同的香草（迷迭香、百里香、鼠尾草或九层塔）或香辛料（咖喱粉、辣椒粉或市售调配好的意式、法式、墨西哥式香料），就能呈现出不同的风味，书里示范的法式芥末咖喱烤鸡沙拉，是利用优格为基底来制作腌料的另一道料理。

| 材料（1人份） | | 综合生菜 | |
|---|---|---|---|
| 自制免炸炸排粉 | 15克 | 萝蔓、 | 约150克 |
| 鸡胸肉 | 100克 | 小黄瓜、 | |
| 优格 | 约20克 | 芝麻叶、 | |
| 蒜 | 2瓣 | 小番茄、 | |
| 新鲜百里香 | 1小把 | 紫甘蓝、 | |
| 干燥综合香草粉 | 少许 | 小菠菜等 | |
| 盐 | ½小匙 | | |

1 将优格、新鲜百里香、干燥综合香草料、蒜末、盐与鸡柳条抓匀，腌渍一晚。

2 将腌好的鸡柳条，蘸上自制免炸炸排粉。

3 把鸡柳条放在烤架上。放入预热200℃的烤箱，两面各烤6~8分钟到上色后，即可取出搭配综合生菜。

**健康食材——优格**

优格中的乳酸菌具有整肠的功效，可以降低胆固醇、强化免疫力、合成B族维生素等功效。但市售优格多半含有大量的糖，记得要选取低脂无糖的优格，才不会对健康产生负担。

# 法式黄芥末咖喱鸡肉沙拉

183
大卡

　　瑞典连锁汉堡店里，我最钟爱的一道餐点便是烤鸡柳沙拉佐优格咖喱酱，而这道沙拉的灵感便是来自于此。利用优格能让肉质软化的功效，再与黄芥末及印度咖喱粉调制成的腌酱来腌渍鸡胸肉，不但尝起来口感软嫩细微，香气更是迷人。

| 材料（1人份） | | 腌料 | |
|---|---|---|---|
| 鸡胸肉 | 约100克 | 法式黄芥末 | 1小匙 |
| 综合沙拉 | 约150克 | 优格 | 1大匙 |
| | | 蒜 | 2瓣 |
| | | 印度咖喱粉 | 1小匙 |
| | | 匈牙利红椒粉 | 少许 |
| | | 盐 | 适量 |
| | | 蜂蜜 | 1小匙 |

1 取一小钵，将腌料的所有材料拌匀。

### 健康食材——蜂蜜

蜂蜜中所含的脂肪酸能促进肠胃蠕动，改善便秘。丰富的维生素及矿物质则具有调整肠胃的功能，可排除体内毒素。蜂蜜亦具有护肤美容、抗菌消炎、促进组织再生的功能。

2 鸡胸肉顺纹切成细长条状后，加入腌料抓匀，腌渍至少半天。

3 取一铸铁煎锅烧热后，放入腌好的鸡柳。

4 煎约1.5分钟后，翻面再煎1分钟，将煎好的鸡肉铺放在综合沙拉上。

晚餐
一锅到底

炖饭及烧饭的概念，一是来自西班牙的海鲜炖饭（paella，源于西班牙瓦伦西亚，当地语言是"锅"的意思），主要做法是把海鲜料和白米放入锅中，边炒边倒入高汤烹调，一锅到底完成的大锅饭。二是来自日本的五目饭（ごもくめし），五目饭指的是什锦饭这道日本家常料理。通常会将季节时蔬与白米一起烧煮，过程中，白米吸收了食材的精华，料理起来既简单又能顺应节气饮食。

这次，我利用烧饭料理少油低卡的特点（搭配季节时蔬，兼具健康及美味），再利用电锅简单上手的特性，设计出许多各国风味的炖饭（烧饭）。不但快速方便好准备，也很适合全家人一起享用。

非轻断食日的时候，更可以利用同样的方法，搭配食谱里喜欢的酱汁调味，再随心所欲地变化食材（如牛五花、猪五花……或煮好后加点奶油或鲜奶油等，都是非常"胖人"、但好吃到爆的吃法，哈哈！）

不同品种的米，以及炖煮时水分的用量……多少会影响成品的口感，意大利米（risotto）、泰国香米、印度长米、越光米、糙米等需要的水分不一，皆可依照个人喜好来调整。如果想作为隔餐的便当，我会建议第一餐的水量略少于米量，第二餐食用起来的口感才不会过于软烂。

准备好要跟我一起大展身手了吗？一起在炖饭（烧饭）的料理中，挑战你的创意及味蕾的极限。

# 电锅：日式酒蒸海鲜野菜

这道料理的点子来自《深夜食堂》，后来我更以时令蔬菜搭配综合海鲜，用酒蒸的方式料理，除了营养丰富之外，美味的汤头也很适合拿来佐乌龙面或拌饭吃！也能在轻断食期间与全家人一起享用。

| 材料（2人份） | | 调味料 | |
|---|---|---|---|
| 蛤蛎 | 12个 | 清酒 | 2大匙 |
| 虾 | 约100克 | 酱油 | 2.5大匙 |
| 墨斗鱼 | 切片，约100克 | 水 | 3~4大匙 |
| 卷心菜 | 约100克 | 胡椒盐 | 适量 |
| 青江菜 | 约50克 | 香油 | 1小匙 |
| 舞菇 | 约50克 | （轻断食省略） | |
| 青葱 | 1根切丝 | | |
| 辣椒 | 1个切丝 | | |
| 姜 | 2~3片切丝 | | |
| 寒天粉丝 | 200克 | | |
| （或是枸杞蒟蒻粉皮） | | | |

**1** 将蔬菜洗净后切成适当大小，铺在电锅内锅的底部（寒天粉丝要更入味的话，建议烫过热水去除生味后，一起铺在内锅底部）。

**2** 接着，放上海鲜、姜丝，再加入调味料。

**2** 放入电锅中，外锅放一杯水，按下电源。待电源跳起后，盛入锅中，淋上辣椒丝和葱丝。

大卡 269

# 电锅：和风姜烧牛肉番茄饭

这道炖饭可以说是最佳疗愈系料理。一来是甘甜带咸的调味本来就很得老少欢心，二来则是姜和番茄的组合还能有效驱寒、提高免疫力，特别适合在轻断食的冬季里享用。

**健康食材——牛菲力**

　　菲力的蛋白质含量高，油脂与热量则较低，想挑牛肉作为主食材时不妨以菲力为首选，此外，牛腱也是油花较少的好选择。

　　一般而言，牛肉要吃起来不柴好入口，一定要记得逆纹切，也就是刀子跟肉的纹理走向是呈90°垂直，这样切出来的肉片肌肉纤维比较短，即便油花少，也不会咬不动。

| 材料（2人份） | | 调味料 | |
|---|---|---|---|
| 牛菲力 | 80克切丝 | 姜末 | 1大匙 |
| 胡萝卜 | 切片，30克 | 清酒 | 1大匙 |
| | | 日式酱油 | 3大匙 |
| 金针菇 | 30克 | （日式酱油多含味啉，不需外加） | |
| 杏鲍菇 | 30克 | 蒜头 | 2瓣压泥 |
| 米 | 约100克 | 水 | 0.3杯 |
| 小番茄 | 适量 | | |
| 葱丝 | 适量 | | |
| 七味粉 | 适量 | | |
| 外锅 | | | |
| 水 | 1.2杯 | | |

1 将牛肉与调味料拌匀，腌渍20～30分钟。

2 白米洗净后放到内锅里，依序摆上金针菇、杏鲍菇丁、胡萝卜片。接着，摆上腌好的牛肉及小番茄。淋上腌肉剩下的酱料，并倒入0.3杯的水。

3 把内锅摆到电锅中，外锅放1杯水，按下电源。待电源跳起，以饭勺把所有材料拌匀后，外锅放入0.2杯水，再按一次电源，等跳起后，淋上葱丝跟七味粉。

☺ 非断食日时，我会再煎个荷包蛋、淋点酱油，然后放上一小块牛油在牛肉饭上拌着吃，真的是太棒了。

258
大卡

# 电锅：味噌鸡肉鲜菇炖饭

鸡胸肉是非常好用的低卡食材，只要简单以味噌调味就相当好吃。有时候，我会把白米换成营养价值更高的糙米。喜欢口感软烂一点儿的人，糙米可事先浸泡1小时；若喜欢带点嚼劲的人，不做浸泡的准备，外锅改放1.8~2杯水也是可以的！

> **健康食材——糙米**
>
> 由于糙米只去除了稻米的外保护皮层，仍保有纤维含量高的内保护皮层，因而膳食纤维、维生素和矿物质的含量都超过白米。但也因为保留了纤维和糠胆，口感比较硬，需要花多一点时间来烹煮。

| 材料（2人份） | | 调味料 | |
|---|---|---|---|
| 白米 | 约100克 | 味噌 | 2小匙 |
| 卷心菜 | 30克 | 昆布酱油 | 1大匙 |
| 舞菇 | 30克 | 味淋 | 1小匙 |
| 香菇 | 2朵 | 姜末 | 少许 |
| 胡萝卜 | 30克 | 水 | 0.7杯 |
| 金针菇 | 50克 | | |
| 鸡胸肉 | 70克 | | |
| 葱花 | 适量 | | |
| 七味粉 | 适量 | | |
| 外锅 | | | |
| 水 | 1.2杯 | | |

1 糙米洗净备用。鸡胸肉顺纹切丝，胡萝卜切小薄片，舞菇及卷心菜撕成小片状。

2 调味料拌匀后，与糙米一起放入电锅内锅中。将 1 的食材以及香菇、金针菇铺在糙米上方。

3 放入电锅中，外锅放1.2杯水，按下电源。待电源跳起后，闷5分钟。接着，以饭勺拌匀米饭及其他材料，再放回电锅中闷5分钟让调味融合。淋上葱花及七味粉。

## 电锅：味噌三文鱼鲜菇炖饭

（275 大卡）

三文鱼是营养价值很高的食材，调味上，可中、可西；料理手法上，可煎、可烤、可蒸，对料理者来说，是弹性大、好发挥的食材。但若处理不当，容易有鱼腥味。建议在入锅前，先以腌料腌渍一下（就像书里示范的加入盐、胡椒、味噌或酱油等调味料），成品便会相当鲜甜入味。

| 材料（4人份） | | 调味料 | |
| --- | --- | --- | --- |
| 三文鱼 | 120克 | 味噌 | 1.5大匙 |
| 舞菇 | 30克 | 昆布酱油 | 1.5大匙 |
| 蘑菇 | 30克 | 味啉 | 1大匙 |
| 白米 | 1.4杯 | 姜末 | 少许 |
| 卷心菜 | 切小块，30克 | 水 | 1.1杯 |
| 小番茄 | 约50克 | 葱花 | 适量 |
| | | 七味粉 | 适量 |
| 外锅 | | | |
| 水 | 1.2杯 | | |

1 将米洗净后，与调味料拌匀后放入内锅中。

2 接着，加入切片的蘑菇、撕小朵的舞菇、撕小片状的卷心菜。摆上小番茄及稍微抹上盐的三文鱼丁。

3 放入电锅中，外锅放1.2杯水，按下电源。待电源跳起后，闷5分钟。接着，用饭勺拌匀米饭及其他材料，再放回电锅中闷5分钟让调味融合。最后，淋上葱花及七味粉。

# 电锅：日式鸡肉咖喱炖饭

一直以来，蛋包饭跟日式咖喱间的等号关系总深植在我的脑海。尽管我们对咖喱的认识大多来自日式咖喱饭，但其实咖喱源自于印度，是由英国人带入日本而发扬光大。

现在的日式咖喱饭，融合了东西文化的特色，除了肉类的主食外，也会搭配大量的蔬食，口味偏甜、辛辣程度较低，一般人的接受度更高。

| 材料（3人份） | | 调味料 | |
|---|---|---|---|
| 番茄 | 约150克 | 咖喱块 | 1块 |
| 白米 | 135克 | 盐 | 少许 |
| 鸡胸肉 | 100克 | | |
| 蒜头 | 1瓣 | 外锅 | |
| 洋葱 | 约30克 | 水 | 1.2杯 |
| 南瓜 | 50克 | | |
| 蘑菇 | 30克 | | |

1 南瓜蒸熟后，压成泥备用。

2 将白米放入内锅中，依序加入水、蒜泥、洋葱末、盐及南瓜泥搅拌均匀。在中心摆上番茄，并在旁依序摆上鸡胸肉、蘑菇及压碎的咖喱块。

3 电锅外锅放1.2杯水，按下电源。待电源跳起后，以汤匙捣烂番茄，并与白饭及其他食材拌匀，盖锅盖再闷5分钟，让食材的味道融合。

☺ 非轻断食期间，不妨再多添上一份日式欧姆蛋来搭配这款咖喱炖饭，绝对能带给你全然不同的享受。

# 电锅：印度咖喱鱼片炖饭

印度咖喱很适合拿来搭配海鲜，撒上些许藏红花，食材便能呈现出更丰富多层次的滋味。轻断食时，很适合搭配热量低的白肉鱼来作为主食材。

轻松享受美味轻断食餐

| 材料（2人份） | | 调味料 | |
|---|---|---|---|
| 番茄 | 1颗 | 盐 | 适量 |
| 白米 | 约100克 | 整粒五色胡椒 | ½小匙 |
| 鲷鱼 | 约100克 | 印度咖喱 | 1小匙 |
| 蘑菇 | 切片，约30克 | | |
| 西洋芹 | 切末，30克 | 外锅 | |
| 蒜头 | 1瓣剁泥 | 水 | 1.2杯 |
| 姜 | 1片切末 | | |
| 水 | 0.7米杯 | | |
| 香菜 | 1小把 | | |

1 鲷鱼切片、白米及其他食材洗净备用。
将白米放入电锅内锅中，依序加入水、
蒜泥、姜末、西洋芹、蘑菇搅拌均匀，
淋上胡椒粒、咖喱粉、盐等调味料拌
匀。香菜切分出香菜梗与香菜叶。

2 在内锅的中心摆上番茄，接着在番茄
旁依序摆上鱼片及香菜梗。

3 把内锅放入电锅里，外锅放1.2杯水，
按下电源。待电源跳起后闷5~8分
钟，用汤匙把番茄捣烂，与白饭、鱼
片拌匀，盖锅盖再闷5分钟，让食材
的味道融合，最后撒上香菜叶。

☺ 咖喱通常隔餐或隔夜吃更美味，味道会更鲜明、风味也更融合。

☺ 非轻断食期间，若喜欢丰富一点的炖饭，可加入干贝、鲜虾及淡
菜，然后再淋上香浓的椰奶，就是一道会让人吃了十分开心的料
理。

# 电锅：鲜虾罗勒番茄炖饭

组合罗勒、番茄、蒜头几项食材，便可营造出十足的意大利风味，应用方法也很多元。这道鲜虾罗勒炖饭、香料烤鸡腿或是白酒蛤蜊意大利面，都是透过这一基本组合变化而来的。

| 材料（2人份） | | 调味料 | |
| --- | --- | --- | --- |
| 小番茄 | 1个 | 蒜头 | 1瓣 |
| 白米（糙米） | 100克 | 盐 | 少许 |
| 水 | 0.7米杯 | 粗粒黑胡椒 | 少许 |
| 虾 | 去壳约100克 | 九层塔 | 少许 |
| 外锅 | | | |
| 水 | 1.2杯 | | |

 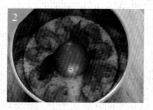 

1 虾去壳、白米及其他食材洗净备用。将白米放入电锅内锅中，依序加入水、蒜泥、粗粒黑胡椒粒及盐，搅拌均匀后，放上番茄。

2 在番茄旁依序摆上去壳的虾及九层塔。

3 电锅外锅放1~1.2杯水，按下电源。待电源跳起后，以汤匙捣烂番茄，并与白饭鲜虾拌匀，盖锅盖再闷5分钟，让食材的味道融合（可再撒上适量新鲜九层塔）。

☺ 主食除了鲜虾，也可以更换为鸡肉培根。非断食日时，起锅前加些奶酪或奶油，就能提升这道料理的风味。

# 电锅：南瓜奶酱三文鱼炖饭

南瓜配鲜奶是很受欢迎的组合。像是南瓜浓汤、南瓜布丁派，甚至最简单的南瓜牛奶，都能轻易表现出两种食材的香滑甘甜。

| 材料（2人份） | | 调味料 | |
|---|---|---|---|
| 不带皮三文鱼 | 约80克 | 盐 | 适量 |
| 小番茄 | 约100克 | 新鲜百里香 | 适量 |
| 南瓜泥 | 约50克 | （或干燥） | |
| 蘑菇 | 约30克 | 干燥意大利香料 | 适量 |
| 洋葱 | 约30克 | 粗粒黑胡椒 | 适量 |
| 蒜 | 1瓣 | | |
| 白米 | 约70克 | 外锅 | |
| 鲜奶（或豆浆） | 约90克 | 水 | 1~1.2杯 |

1 三文鱼先以盐、粗粒黑胡椒及意大利香料抓匀备用。

2 将白米放入电锅内锅中，再加入鲜奶、蒜泥及南瓜泥搅拌均匀。依序摆上小番茄、蘑菇片、洋葱丁，然后摆上腌好的三文鱼以及新鲜的百里香。

3 电锅外锅放1~1.2杯水，按下电源。待电源跳起后，用汤匙把番茄捣烂，并与白饭及其他食材拌匀。盖锅盖再闷5分钟，让食材的风味融合。

☺ 南瓜只要放在阴凉通风处，保存期限可达半个月以上。买回来的南瓜若一次吃不完，我会削皮去籽后切块，或是取部分在煮白饭的时候一起蒸熟然后压泥，再把这些处理好的南瓜分装后放入冷冻，待需要时方便取用。

276
大卡

# 电锅：意大利肉丸蝴蝶面

轻松享受美味轻断食餐

　　这道菜的灵感来自于假日常吃的宜家肉丸餐＋意大利肉酱面，于是便结合这两道料理来做懒人版的番茄肉丸蝴蝶面。这里使用宜家的现成肉丸以取代手工制作的肉丸，10分钟内就能备料完毕。15分钟后，一盘既漂亮又好吃的番茄肉丸蝴蝶面就可端上桌了。

| 材料（1人份） | | 调味料（合起来1米杯） | |
|---|---|---|---|
| **蝴蝶面** | 约35克 | **水** | 0.5米杯 |
| **小番茄** | 约100克 | **红酒** | 0.2米杯 |
| **洋葱** | 约30克 | （轻断食期间红酒改用水） | |
| **瑞典肉丸** | 4个 | **番茄酱** | 0.3米杯 |
| **蒜** | 1~2瓣切末 | | |
| **罗勒或九层塔** | 适量 | 外锅 | |
| **意大利香料** | 1小匙 | **水** | 1.2杯 |
| **粗粒黑胡椒** | ½小匙 | | |
| **盐** | 适量 | | |
| **帕马森奶酪** | 适量 | | |
| （轻断食期间省略） | | | |

1　将洋葱丁铺在电锅内锅底部。接着，放入肉丸及蝴蝶面。

2　加入内锅的水分及调味料（蒜、九层塔、意大利香料、粗粒黑胡椒、盐），然后摆上整个的番茄。

3　外锅放1杯水按下电源。电源跳起后，把番茄捣烂，外锅再加0.2杯水，按下电源。等电源跳起后，淋上帕马森奶酪。

☺　喜欢吃辣的朋友不妨加点儿干辣椒。

☺　没有红酒的人或在轻断食期间，可以用等量的水取代红酒，但我会多加一小匙味淋。

☺　记得洋葱要铺底后再放意大利面，比较不会粘锅。

☺　怕酸的人，可以加点儿糖，或在完成后加点儿鲜奶油（鲜奶）中和酸味。

汤面

## 荞麦煨面

大卡

这道煨面的料理概念非常符合国外的一锅出意面原则，都是依照食材煮熟的顺序一锅到底完成的，属于10分钟内就能上菜的懒人快手料理。

## 材料（1人份）

| | | | |
|---|---|---|---|
| 荞麦面 | 50克 | 昆布酱油 | 2大匙 |
| 西洋芹 | 约40克 | 味啉 | 2小匙 |
| 黑白木耳 | 40克 | 葱花 | 少许 |
| 豆芽 | 约50克 | 蒜 | 3~4瓣 |
| 水煮蛋 | 半个 | 盐 | 适量 |
| 水 | 250毫升 | | |

1 黑白木耳用热水泡发，西洋芹用刨刀削去粗纤维后斜切段，豆芽洗净备用。

2 以不粘锅爆香蒜末。接着，放入黑白木耳、西洋芹拌炒。

3 锅中加入水及调味料，转大火烧开，然后放入荞麦面一同煨煮。

4 待面条约9分熟，加入豆芽及葱花。

### 健康食材——荞麦

荞麦富含高膳食纤维，其丰富的维生素$B_1$、维生素$B_2$能加速身体新陈代谢，清除体内多余脂肪，故有"燃脂食物"之称。荞麦面的升糖指数只有59（指数低于60，就属低升糖的健康食物），低于米饭、吐司及中西式面食，热量也比这些主食还低，又含丰富的营养素，除了想瘦身者之外，也很适合全家人食用。

😊 如果所购买的昆布酱油本身就含甜味，即可省略味啉。

# 味噌拉面

261大卡

这道味噌拉面应该是我们全家老少最喜欢的主食，除了断食日吃了有满满的幸福感之外，在非断食日时，还可以多加一些食材如泡菜、叉烧或是辣炒绞肉来变身成豪华版。

## 健康食材——竹笋

竹笋是低脂、低糖又高纤维的健康食材，能开胃并促进消化。它的植物蛋白、维生素和微量元素的含量都很高，有助于增强身体的免疫机能。

| 材料（1人份） | | 味噌汤头（请见低卡汤头篇） | |
| --- | --- | --- | --- |
| 豆芽 | 约30克 | 水 | 500克 |
| 玉米粒 | 约30克 | 味噌 | 30克 |
| 温泉蛋 | 半个 | 味啉 | 1大匙 |
| 拉面 | 80克 | 柴鱼酱油 | 1大匙 |
| 韭菜 | 约8克 | | |
| 海带芽 | 1克 | | |
| 笋片 | 50克 | | |

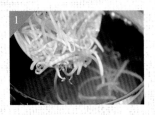

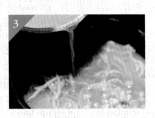

1 起一锅水，汆烫拉面至9分熟，捞起泡冰水，冷却后沥干备用。用同一锅水，继续汆烫豆芽、韭菜及笋片。

2 电锅放上蒸架摆上一个鸡蛋，外锅倒入50毫升的水，按下电源，待跳起就完成半熟的温泉蛋。

3 味噌汤头煮好后，加入海带芽。将拉面、豆芽、韭菜、笋片及玉米粒一同加入味噌汤锅中，稍微煨煮一下，盛盘后，摆上温泉蛋即可。

# 苋菜吻仔鱼面

由于市售调味料的热量都偏高，所以在料理轻断食餐时，我会特别费心构思是否有天然食材可为汤头提鲜，这次的秘密武器就是皮蛋。皮蛋特有的香气加上吻仔鱼的鲜、苋菜的甜，只要加入少许的盐，汤头就相当清爽甘甜美味。

**健康食材——红苋菜**

红苋菜富含铁质、钙质及许多重要维生素（都是菠菜的好几倍），还有许多纤维素，且热量又低，是轻断食餐不可多得的好食材。

## 材料（1人份）

| | | | |
|---|---|---|---|
| 红苋菜 | 150克 | 蒜 | 3瓣 |
| 面条 | 40克 | 辣椒 | 适量 |
| 吻仔鱼 | 50克 | 胡椒盐 | 适量 |
| 皮蛋 | 1个 | | |

1 不粘炒锅稍微热锅后，放入吻仔鱼干锅炒香，然后加入蒜泥一同爆香。

2 烧一壶开水，倒入炒锅中，接着，加入红苋菜及面条（我买的面条不需要洗过，有的面条得先洗过，否则会太咸）。

3 煨煮4~5分钟，待面条八九分熟时，加入切块的皮蛋，再放入少许盐及辣椒、胡椒盐调味。

# 焖烧罐：辣味寒天冬粉时蔬煲

**157** 大卡

寒天冬粉是我大力推荐给患有"饥饿恐慌症"、但又想执行轻断食的朋友们的最佳食材。只要利用书里低卡的汤头，搭配上喜欢的蔬菜，虽满满一锅但热量绝不会超过200卡。当忙碌到无法精准计算热量时，是最方便的选择。

**健康食材——韭菜**

《本草纲目》记载，韭菜能补肾气调节肝气。其含有大量的维生素和纤维素，有助于肠胃蠕动，增强消化功能。

| 材料（1人份） | | 调味料 | |
|---|---|---|---|
| 猪里脊 | 60克 | 海山酱 | 约30克 |
| 干香菇 | 约5克 | 昆布酱油 | 1大匙 |
| 胡萝卜 | 20g | 盐 | ½小匙 |
| 韭菜 | 20克 | 胡椒盐 | ½小匙 |
| 豆芽 | 约50克 | 辣椒粉 | 适量 |
| 四季豆 | 4根 | | |
| 寒天冬粉 | 100克 | | |
| 水 | 250~300毫升 | | |

1 寒天冬粉洗净后，以热水泡软备用。

2 韭菜切段，胡萝卜、豆角、里脊肉及香菇切丝备用。

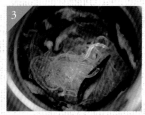

3 先将寒天冬粉与香菇丝放入焖烧罐中，注满沸水，盖上盖子预热5分钟。

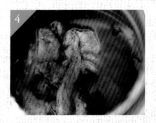

4 倒出焖烧罐中的水，放入调味料及肉丝，再加入250~300毫升的沸水，闷50~60分钟。

5 另起一锅水，汆烫四季豆、胡萝卜、豆芽及韭菜，待冬粉熟后拌入。

:) 甜甜辣辣的海山酱，一般多用在蚵仔煎、猪血糕、润饼卷等台湾传统料理，那天因为常用的韩式辣椒酱用完了，只好拿手边的海山酱来取代，没想到风味毫不逊色，而且热量更低呢！

259
大卡

# 冬瓜海老蛤蛎面

这道面条有冬瓜的天然甜度及蛤蛎、虾米这两样海味的鲜，不管是单煲汤来喝（煲汤就不放素蚝油）或是再下个面条，都非常清爽美味。

## 健康食材——冬瓜

《本草纲目》记载冬瓜的功效为益气不饥、令人悦泽好颜色，久服轻身耐老。就科学上的分析，冬瓜含丙醇二酸，能稀释脂肪，防止其堆积体内。其中的胡卢巴碱可促进身体新陈代谢，富含丰富的膳食纤维及蛋白质，也因此冬瓜又称减肥瓜。

### 材料（1人份）

| | | | |
|---|---|---|---|
| 冬瓜 | 100克 | 姜 | 2~3片切丝 |
| 虾米 | 10克 | 盐 | 少许 |
| 麻油 | 1小匙 | 素蚝油 | 1大匙 |
| 面条 | 40克 | 水 | 450~500毫升 |
| 干香菇 | 约5克 | 葱花 | 少许 |
| 蛤蛎 | 10个（或牡蛎30克） | | |

1 不粘锅放入麻油后，以中小火爆香姜丝及虾米。

2 放入冬瓜及素蚝油，拌炒至冬瓜开始出水，边缘呈现透明状（过程中可加入少许水）。

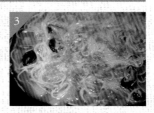

3 倒入热水后，再放入面条、香菇及蛤蛎，以中大火煮至面条熟，起锅前撒上葱花、盐。

260
大卡

# 酸菜鱼片冬粉

在瑞典买不到东北酸白菜，却有德国酸菜。两者的风味相近，有着异曲同工之妙，不同之处在于一个是大白菜，另一个则是卷心菜。使用酸菜来熬煮火锅或是面类的汤头，只要少许盐（或酱油膏），汤头就会清甜美味。

| 材料（1人份） | | | |
| --- | --- | --- | --- |
| 白鱼 | 100克 | 姜 | 5克 |
| 干冬粉 | 40克（以热水泡开） | 蒜 | 5克 |
| 酸菜 | 100克 | 盐 | 适量 |
| 豆芽 | 50克 | 胡椒 | 适量 |
| 香菜 | 1大匙 | 水 | 500~600毫升 |
| 辣椒末 | 3克 | | |

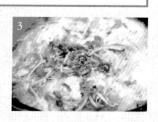

1 不粘锅爆香蒜末及姜末。接着，放入切丝的酸菜拌炒至香气出来。

2 加入水、泡软的粉丝、辣椒末，中火煨煮至粉丝膨胀透明。

3 转大火煮开汤头后，放入鱼片。最后，加入香菜末、豆芽及盐。

258 大卡

# 红曲香菇肉丝寒天冬粉

这道红曲香菇肉丝寒天冬粉的灵感，来自我的月子餐——红曲米糕。只是降低了麻油的用量，并改用低热量且高纤维的寒天冬粉来作为主食，既健康又美味。

**健康食材——红曲**

红曲是由红曲米中的红曲菌酿制而成，具有降血脂、降血糖、降低胆固醇及高血压等食疗的功效。传统医学理论中，红曲具有活血化瘀、健脾消食，治产后恶露不净的功效，因此，也经常出现在月子餐中。

| 材料（1人份） | | 调味料 | |
|---|---|---|---|
| 里脊肉 | 60克 | 红曲 | 2大匙 |
| 干香菇 | 约5克 | 素蚝油 | 2大匙 |
| 舞菇 | 50克 | 糖 | 1小匙 |
| 卷心菜 | 100克 | 盐 | 适量 |
| 寒天冬粉 | 150克（洗净泡热水备用） | | |
| 蒜 | 2~3瓣切末 | | |
| 姜 | 1~2片切末 | | |
| 水 | 450~500毫升 | | |
| 麻油 | 1小匙 | | |
| 葱花 | 适量 | | |

1 起油锅，倒入麻油后，以中小火炒香肉丝。然后放入香菇丝炒至香气出来。

2 接着，加入姜末、蒜末爆香，再放入红曲拌炒均匀。

3 倒入热水煮开后加入寒天冬粉、素蚝油、糖和盐，再煮沸2~3分钟后加入卷心菜及舞菇，煮至寒天冬粉软化入味，撒上葱花。

轻松享受美味轻断食餐

粥面

291
大卡

# 电锅：南瓜卷心菜燕麦粥

　　南瓜与卷心菜的热量都非常低，高纤低卡且甜度高，拿来煲粥，不需要添加过多的调味料，品尝原汁原味就相当美味。煮白饭时加入少量燕麦，可减少米饭的用量并降低整体热量，又能达到米汤浓稠的口感。

| 材料（1人份） | | 外锅 | |
| --- | --- | --- | --- |
| 南瓜 | 100克 | 水 | 1.5杯 |
| 燕麦片 | 20克 | | |
| 白饭 | 半碗 | | |
| 卷心菜 | 50克 | | |
| 葱花 | 少许 | | |
| 枸杞子 | 1小匙 | | |

1 将白饭、燕麦片及水放入碗中。

2 加入南瓜泥、卷心菜丝及枸杞子（枸杞子也可等起锅再拌匀焖一下，口感会更好）。

3 放入电锅中，外锅放1.5杯水，按下电源，跳起后即完成。

## 294 大卡 电锅：山药薏苡仁鸡肉粥

在料理薏苡仁时，最常遇到久煮不烂的问题。这次分享的小技巧，就是在料理的前一晚，先把薏苡仁放到冷冻库里冰冻，隔天再入锅，这样一来，薏苡仁就能轻轻松松地煮得嫩滑好吃。

**健康食材——山药与薏苡仁**

根据《本草纲目》记载，山药益肾气、健脾胃。其黏液含有消化酵素，可提升人体的消化能力。此外，山药也富含植物性的激素，经常食用会使皮肤光滑细致，常被拿来当作滋补药膳的食材。

薏苡仁的蛋白质丰富，具有美白与促进体内水分、血液代谢的功效。

| 材料（1人份） | |
| --- | --- |
| 山药 | 50克 |
| 薏苡仁 | 20克 |
| 鸡胸肉 | 30克 |
| 五谷米 | 约40克 |
| 姜片 | 2~3片 |
| 枸杞子 | 适量 |
| 水 | 5米杯 |
| 盐 | 适量 |

1 前一晚，将薏苡仁装入夹链袋中，放入冷冻库中冷冻（冷冻是为了缩短煮熟薏苡仁的时间，如果喜欢薏苡仁软烂一点的口感，建议先煮软后再去煮粥）。

2 起一锅水，汆烫薏苡仁后，捞起备用（去除生味）。鸡胸肉、山药切块，姜切丝。

3 把所有材料放入大同电锅内锅中，加入3杯水及适量的盐。外锅放2杯水，按下电源，跳起再闷10~15分钟。

# 电锅：丝瓜海鲜燕麦粥

丝瓜是我夏天钟爱的食材，尤其能在瑞典买到，真是上天的恩赐。特殊的清甜口感，和蛤蛎、鲜虾或牡蛎等海鲜一起料理，滋味更是相得益彰，汤头美味鲜甜。除了拿来清炒煲汤外，也很适合搭配隔夜的糙米饭制作懒人版的丝瓜海鲜粥。

**健康食材——丝瓜**

丝瓜含有丰富的维生素C及B族维生素，可防止老化，美白除斑，使肌肤细嫩。

| 材料（2人份） | | 调味料 | |
|---|---|---|---|
| 丝瓜 | 约200克 | 盐 | 适量 |
| 舞菇 | 100克 | 胡椒盐 | 适量 |
| 姜泥 | 2小匙 | | |
| 蒜头 | 3~4瓣压泥 | | |
| 葱花 | 适量 | | |
| 草虾 | 8只去壳 | | |
| 蛤蛎 | 肉约20克 | | |
| 糙米饭 | 1碗 | | |
| 燕麦 | 30克 | | |
| 水 | 600毫升 | | |

  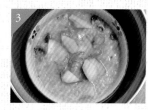

1 将糙米饭（若用白饭的话，口感会比较烂，小孩会比较喜爱）、燕麦及水放入内锅中，用汤匙搅散白饭。

2 加入姜泥、蒜末、舞菇和蛤蛎。

3 放入电锅，外锅加一杯水，按下电源。待电源跳起后，加入切块的丝瓜、去壳的草虾，外锅再加入半杯水，按下电源，待电源跳起后，撒上葱花及调味料拌匀。

☺ 想让以熟饭煲煮出来的粥与生米熬煮的粥有着一样的浓稠米汤，我的秘密武器就是燕麦。不但能提升整体的口感，也降低了热量，是轻断食餐粥品中不可或缺的重要食材。

# 焖烧罐：芋头樱花虾香菇粥

轻松享受美味轻断食餐

芋头的纤维素是米饭的4倍，但却只有不到白饭一半的热量，高纤维又具有饱腹感，所以很适合在轻断食期间当作主食。这道怀旧味道的芋头樱花虾香菇粥，就是利用樱花虾的鲜、西洋芹和芋头的甜，来作为汤头的天然香气提味。

**健康食材——樱花虾**

樱花虾具有丰富的蛋白质，钙质更是牛奶的10倍。

| 材料（1人份） | | | |
|---|---|---|---|
| 芋头 | 50克 | 香菜 | 少许 |
| 西洋芹 | 50克 | 盐 | 适量 |
| 干香菇 | 20克 | 胡椒盐 | 适量 |
| 白米 | 50克 | | |
| 樱花虾 | 3克 | | |
| 热水或昆布高汤 | 400~450毫升（不包含预热的水） | | |

1 香菇泡软切丝、芋头去皮切丁、西洋芹以刨刀削去一层薄皮后，切成丁。

2 将白米及其他所有材料放入焖烧罐中，倒入烧开且刚好覆盖住食材的水量，盖上盖子预热5分钟。

3 倒出水，注入400~450毫升的热水及调味料，闷50分钟。食用前，撒上香菜。

250
大卡

# 焖烧罐：鸡蓉玉米胡萝卜粥

这道鸡蓉玉米胡萝卜粥，曾荣登我们家3个小孩副食品料理排行榜的第一名宝座。那天，我品尝这道轻断食时，小羽甚至放弃了我替她准备的午餐，直接抢过去全部吃完。而玉米粒、胡萝卜、洋葱是我轻断食餐里的黄金铁三角，不论凉拌或炖煮，都能呈现出不同的好滋味。

### 健康食材——鸡胸肉

鸡胸肉的蛋白质含量高又容易被人体吸收，且脂肪和热量低，非常适合拿来当作轻断食的主食。《本草纲目》记载，鸡肉具有补中益气、健脾胃、活血脉、强筋骨的功效。

### 材料（1人份）

| | | | |
|---|---|---|---|
| 鸡胸肉 | 150克 | 白米 | 约35克 |
| 玉米粒 | 约15克 | 燕麦 | 约10克 |
| 胡萝卜 | 20克 | 盐 | 适量 |
| | | 葱花 | 适量 |
| 洋葱 | 约30克 | | |

1 将鸡胸肉、胡萝卜及洋葱切丁备用。

2 白米及燕麦片放入焖烧罐中，倒入烧开的500毫升水量，盖上盖子预热5分钟。

3 倒出水，注入400~450毫升的热水（或高汤）、食材与调味料，闷50分钟。食用前，撒上葱花。

# 焖烧罐：紫菜蛤蜊葱花粥

233
大卡

小志先生爱的汤品不多，紫菜汤大概是少数他喜欢又快煮的一道。这道粥的灵感便是来自于他爱的紫菜汤，少了蛋花，多了蛤蜊及四季豆，更鲜美也更营养。

材料（1人份）

| | |
|---|---|
| 紫菜 | 4克 |
| 葱 | 1/3支 |
| 白米 | 50克 |
| 四季豆 | 斜切段，20克 |
| 燕麦 | 1大匙 |
| 蛤蜊 | 10颗 |
| 盐 | 适量 |
| 胡椒 | 适量 |
| 热水或昆布高汤 | 400毫升 |

1 将白米和燕麦放入焖烧罐中，倒入烧开500毫升的水，盖上盖子预热5分钟。

2 倒出水，加入紫菜、蛤蜊、四季豆及400毫升的热水，闷40分钟。食用前，撒上葱花并放入调味料。

## 健康食材——紫菜

紫菜是来自于海中的藻类，带着浓浓的海味。除了味道鲜美，也富含维生素、矿物质及膳食纤维，高钙低卡又零胆固醇。用来作为轻断食的食材可以说是既营养无负担，又能利用其鲜度为餐点提味。

# 焖烧罐：四神肉片粥

坊间常见的四神汤多半是与猪肠或猪肚一起炖煮，但其实搭配排骨甚至拿来煲鸡汤都非常对味。莲子、芡实和薏苡仁都属久煮不烂型的食材，通常我会选用焖烧锅或焖烧罐这类节能工具，再搭配之前分享的"冰冻法"来料理，既环保省事又完美不败。

> **健康食材——四神**
>
> 四神是指茯苓、芡实、莲子、山药（淮山），具有开脾健胃安神，还有帮助降低血糖的功效，尤其适合糖尿病患者食用。

| 材料（1人份） | | | | 调味料 | |
|---|---|---|---|---|---|
| 莲子 | 20克 | 燕麦 | 1大匙 | 盐 | 适量 |
| 糙米 | 20克 | 当归 | 1片 | 胡椒盐 | 适量 |
| 淮山 | 10克 | 茯苓 | 2片 | | |
| 芡实 | 10克 | 沸水 | 40毫升 | | |
| 猪里脊 | 50克 | | | | |

1 中药材（淮山、芡实、莲子）前一晚先放入冷冻库中冷冻。里脊肉切丝后，用适量的盐及胡椒盐抓过，腌渍约半小时。

2 把糙米及中药材放入焖烧罐中，加满水盖上盖，预热5分钟。

3 把水倒出，加入肉丝及燕麦，再注入40毫升煮沸的水，盖上盖子闷约6小时（莲子和芡实才会够烂，适合早上做好中午吃）。

# 减肥期更需要的
# 加油低卡点心

轻断食期间总有嘴馋想吃零食的时候，
但又不想因贪吃破坏了成果，尤其我又是疯狂的酗甜点者。
就算处于轻断食期间，也绝不愿放弃自己的最爱。
于是，便利用了食材的特性，
做出许多低卡又能解馋的甜点。

一小片
18大卡

# 海苔咸饼

咸香的海苔饼干是我小时候的最爱。这次介绍两款低卡且无蛋、无奶油的手工饼干，不但健康，而且绝对零技术含量，就算是烘焙新手也能成功。

## 健康食材——海苔

海苔含有丰富的矿物质及维生素，其中的藻胆蛋白具有降血糖、抗肿瘤的功效，而所含的多糖则能抗衰老、降血脂、增强免疫力。

**材料**

| | |
|---|---|
| 低筋面粉 | 100克 |
| 海苔粉 | 3克 |
| 七味唐辛子 | 1克 |
| 盐 | 适量 |
| 植物油 | 25克 |
| 水 | 30克 |

1 将所有粉类放入钵中，混合均匀。

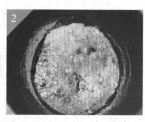

2 加入液体类（油和水）。

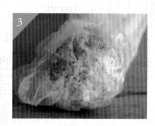

3 将面团装入一塑胶袋中，揉匀成团，直到感觉不出任何粉末状。

4 用擀面棍把面团擀成一长形的薄片（约0.2厘米）。

5 取出面片，放在铺有烤盘纸的烤盘上，再以刀切割成适当大小。

6 用叉子在表面插出均匀的小洞，放入预热180℃的烤箱，烤18~20分钟。

😊 海苔和七味唐辛子属于和风组合，若改用意大利香料或普罗旺斯香料，口味又会大为不同哦！

# 黑芝麻枫糖饼干

这款带着淡淡枫糖甜味及芝麻香气的饼干我自己很喜欢，嚼在嘴里脆脆的，也不怕有太多负担。做过酥饼类的饼干后，才知道每一口都含有惊人的奶油量，反而更爱口感简朴、越嚼越有滋味的它。

## 健康食材——黑芝麻

黑芝麻含有多种人体必需的氨基酸、维生素E及维生素B，可加速人体的代谢功能。其所含的铁质具有补血功效，丰富的不饱和脂肪酸，则对人体有益。

| 材料（10片） | |
| --- | --- |
| 低筋面粉 | 100克 |
| 黑芝麻 | 15克 |
| 枫糖 | 20克 |
| 杏仁奶（或低脂鲜奶） | 25克 |
| 油 | 20克 |

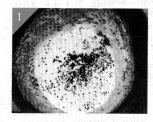

1 将所有粉类放入钵中，混合均匀。

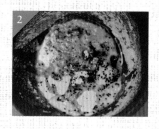

2 加入液体类（油、枫糖和杏仁奶）。

3 将面团装入塑胶袋中，揉匀成团，直到看不见粉末状为止。

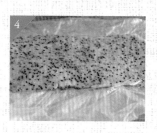

4 用擀面杖把面团擀成一长形的薄片（0.2~0.3厘米厚）。

5 取出面片放在铺有烤盘纸的烤盘上，再以刀切割成适当大小。

6 用叉子在表面插出均匀的小洞，放入预热180℃烤箱烤18~20分钟。

# 枸杞子菊花茶冻

56~70 大卡

　　枸杞子补肾益脑，菊花清凉明目，适合经常使用电脑的上班族食用。除了平时泡来当养生茶饮之外，做成茶冻也非常可口。

| 材料（4~5个） | |
| --- | --- |
| 枸杞子 | 10克 |
| 红枣 | 3~4个 |
| 黄芪 | 20克 |
| 乌龙茶叶 | 5克 |
| 菊花 | 5克 |
| 冰糖 | 30克 |
| 水 | 750毫升 |
| 魔芋粉 | 35克 |

## 健康食材——乌龙茶

　　茶类的去油效果众所皆知，乌龙茶叶中所含的大量茶多酚可以提高脂肪分解酶的作用，降低血液中胆固醇的含量，有降低血压、抗氧化、防衰老及防癌的功效。饭前喝茶可降低食欲，饭后饮用则可减少脂肪酸的形成，避免吃进去的热量转成脂肪的形态堆积在体内。

1 准备好所有食材。

2 取一汤锅，大火煮开水后，先加入菊花、红枣、黄芪，转中小火煮6~8分钟。接着加入茶叶和枸杞子再煮2~3分钟，最后加入冰糖后，搅拌至溶化。

3 用漏勺捞出所有的食材，放入魔芋粉，搅拌均匀后，再小火煮开1~2分钟。

4 将3倒入适当的容器中，待放凉后，移至冰箱冷藏1~2小时定型。

# 枫糖杏仁豆腐

这款杏仁豆腐除了适合作为养颜甜点之外，还可再搭配综合水果与冰糖煮的杏仁牛奶，就是港式饮茶里受欢迎的甜品了。

| 材料（6个） | |
| --- | --- |
| 低脂牛奶 | 400克 |
| 水 | 200克 |
| 无糖杏仁粉 | 60克 |
| 枫糖 | 2大匙 |
| 魔芋粉 | 30克 |

**健康食材——杏仁**

　　杏仁可降低体内胆固醇的浓度，阻断身体对热量的吸收，其所含的杏仁油和维生素E更能养颜护肤。

1 将牛奶倒入锅中，以小火慢慢加热。

2 微热后，加入杏仁粉及枫糖搅拌均匀。

3 加入魔芋粉，继续用中小火一边加热、一边搅拌至浓稠状。

4 倒入适当的容器中，待冷却定型（配上水果丁及杏仁茶，就是港式茶楼里的甜品了）。

如果介意杏仁豆腐中会吃到杏仁颗粒，不够细滑。可先过筛，再放入魔芋粉。

减肥期更需要的加油低卡点心

1个
145大卡

# 南瓜鲜奶酪

奶酪一直是很受女孩欢迎的甜点，只是要吃起来香浓，全靠鲜奶油。想降低鲜奶油的用量，又能滑顺浓郁，搭配南瓜或紫薯这类甜度高、质地细滑的食材是最合适的了，再加上低卡高纤，非常适合血糖过高的人或甜点爱好者。

| 材料 | |
| --- | --- |
| 南瓜泥 | 150克 |
| 鲜奶 | 150克 |
| 蜂蜜 | 10克 |
| 鲜奶油 | 30克 |
| 吉利丁片 | 3片 |

1 南瓜蒸熟，放凉捣成泥。

2 吉利丁片泡入冷水中软化。将鲜奶、鲜奶油混合均匀后加热（可用微波炉或小锅，不需煮沸，只需超过45°，在后面步骤中溶化吉利丁片即可）。

3 将南瓜泥及蜂蜜加入2中搅拌均匀，加入软化的吉利丁片，搅拌至吉利丁片溶化，倒入杯子冷藏3~4小时。

同场加映

**紫薯豆浆奶酪**

把南瓜换成紫薯，鲜奶换成豆浆，就能变成漂亮且美味的紫薯豆浆奶酪。

1份
54大卡

# 木瓜鲜奶冻

　　木瓜牛奶是我跟小志先生从小就爱喝的夏日饮品，这道甜品采用相同的组合，只是换个吃法，不但不用担心木瓜牛奶因久放变苦或是变得浓稠，而且还是一道相当赏心悦目的甜点。

| 材料 | |
| --- | --- |
| 低脂鲜奶 | 60克 |
| 砂糖 | 1小匙 |
| 吉利丁片 | 半片个 |
| 小木瓜 | 半个，净重150克，去皮前约180克 |

**健康食材——木瓜**

　　木瓜不但热量低、纤维素高，更是低升糖食物。富含维生素A和维生素C的木瓜，能美白抗衰老，其木瓜酵素还可分解体内累积的多余脂肪，也具有抗癌效果。除此之外，它还含有丰富的钾质可消除水肿，改善积水型肥胖。这么多的营养成分，难怪会被世界卫生组织选为"全球健康水果"类的第一名。

1 将木瓜对切，用汤匙去除中间的籽。

2 鲜奶倒入小汤锅中，加热至冒烟（不需沸腾），加入砂糖拌匀，接着将用冰水泡软的吉利丁片放入鲜奶中，搅拌至全部溶化。

3 将稍微放凉的鲜奶液，倒入木瓜中。

4 取一容器将装有鲜奶冻的木瓜固定后，盖上保鲜膜，放入冰箱冷藏1~2小时。

减肥期更需要的加油低卡点心

# 芒果凤梨优格冰沙

去年开始，我们这儿的城里开了家优格冰淇淋店，主打健康低卡高纤，还可以自行随意搭配口味，虽然要价不菲，但仍大排长龙。说穿了，就是拿新鲜冷冻的水果，再与优格一起打成冰淇淋。只要有一台果汁机，在家就能轻松制作。

| 材 料 | |
|---|---|
| 芒果 | 100克 |
| 凤梨 | 100克 |
| 百香果 | 1个 |
| 土耳其或希腊优格 | 约50克 |
| 水 | 80~100毫升 |
| 蜂蜜 | 1大匙 |

### 健康食材——百香果

百香果富含人体所需的氨基酸、多种维生素及微量元素，可降脂降压，还有天然的镇静剂之称，有助于松弛、镇定神经及助眠的功效，其果酸亦能舒解胀气、帮助消化。

1 将芒果与凤梨切块后，放入冷冻库静置一晚备用。

2 将蜂蜜、优格、冻过的芒果及凤梨块放入果汁机（或食物处理机中），一边打、一边少量加水至打成冰砂状，装入碗中淋上百香果。

同场加映

## 香蕉豆腐冰淇淋

芒果凤梨百香果所组成的热带水果口味是我爱的其一，综合莓果（蓝莓、覆盆子、熊莓、草莓）是其二。不爱酸的朋友则不妨混合香蕉与蓝莓，也很受大小朋友喜爱。如果不加水，改加豆腐打成浓稠状后，放入冰箱冷冻也可以变化成香蕉豆腐冰淇淋。

# 香料盐烤马铃薯片

一盘 160大卡

马铃薯片是大家最爱的零食选择，只是市售的马铃薯片的油脂跟钠含量都太高，难怪被称为最受欢迎的垃圾食物。其实只要换个方法，在家用小烤箱也能做出健康美味的盐烤洋芋片，换些香料滋味也会有所不同！

### 健康食材——马铃薯

马铃薯的碳水化合物及蛋白质含量都比米饭稍低，又富含维生素C、钾和钙质，在欧洲有"大地的苹果"之称。适合轻断食时，拿来作为替代主食类的食材。

材料

| | |
|---|---|
| 马铃薯 | 约200克 |
| 海盐 | 少许 |
| 粗粒黑胡椒粒 | 少许 |
| 迷迭香 | 少许 |

1 将马铃薯切成薄片。烤盘铺上烤盘纸，放入烤箱预热200℃。

2 马铃薯片不重叠地一一排上烤盘，喷上适量的橄榄油（或奶油丁），再撒些海盐及香料，放入烤箱烤15~20分钟（或烤至薯片金黄上色）。

# 养颜料理

除了讲究断食日的饮食内容，
在不需斤斤计较热量的非断食日，
我还会特意烹调养颜料理，让自己在瘦身的同时，
也能保养到肌肤而且不会使胸部缩水。

# 电锅：青木瓜黄豆鸡汤

　　一般大家最耳熟能详的丰胸料理就是青木瓜排骨汤了，而这道加了黄豆与红枣的青木瓜鸡汤，应该就是营养与美味的进阶升级版！萝小姐曾在朋友坐月子时，炖了当补汤给她喝，效果也很好哦！

| 材料（1人份） | |
| --- | --- |
| 去皮大鸡腿 | 约400克 |
| 青木瓜 | 200克 |
| 红枣 | 6~8颗 |
| 黄豆 | 30克（不需浸泡） |
| 盐巴 | 适量 |
| 热水 | 约800克 |
| | （浸没过所有食材即可） |

### 健康食材——青木瓜与黄豆

　　青木瓜中含有木瓜酵素（是熟木瓜的2倍），不仅可以分解蛋白质、糖类，更能促进脂肪分解，加快体内新陈代谢。

　　黄豆有降低体内胆固醇的功效，内含的大豆异黄酮素是植物性的天然激素，亦具有养颜美容的功效。

1 将去皮鸡腿切成适当大小后，以滚水氽烫至浮末出来，再冲冷水洗净。

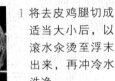

2 青木瓜去皮去籽切成块状后，将所有材料放入锅中，大火煮开后盖上锅盖，转中小火煮30分钟，再放入适量盐调味（或把所有材料放到电锅的内锅中，外锅放2杯水，按下电源，待电源跳起，闷10分钟）。

😊 **煮出不油美味的鸡汤**

　　一般来说，要让鸡汤减少油分，尝起来清爽不油腻，有两个小贴士。一是在烹调前先去除鸡皮及过水氽烫，二是煮好的鸡汤先放凉并置于冰箱一晚，隔天食用前，捞除最上面一层结冻的鸡油，便可大量减少热量的摄取，让鸡汤喝起来一样营养却清爽无负担。

# 电锅：当归枸杞子米糕粥

民间有"想要身体好，劝君多食枣"之说，糯米则有活血行气护发明目的功效，与桂圆、当归一起煲成怀旧感的米糕粥，可补脾生血、抗老养颜，不管是拿来当作饭后甜点，或是在微凉的早晨热上一碗粥作为早餐，都让人产生满满的幸福感。

| 材料（1人份） | |
| --- | --- |
| 当归 | 2大片 |
| 糯米 | 1米杯 |
| 桂圆 | 20克 |
| 红枣 | 10颗 |
| 枸杞子 | 1把 |
| 红糖 | 适量 |
| 温水 | 7.5米杯 |

1　将当归泡在2米杯的温水里约1小时，过滤后取出备用，并把水留下。 糯米浸泡1~2小时后，沥干水分备用。

2　将1的当归水、泡好的糯米、红枣、桂圆、枸杞子，以及4杯水放入电锅中，外锅放1.5米杯水，按下电源。

3　待电源跳起，加入红糖拌匀，再盖上锅盖闷10分钟（枸杞子也可以等到此时才放）。

# 红枣桂圆鸡汤

红枣及桂圆两种食材，除了适用于加在冬日里的姜母茶、热乎乎的桂圆米糕或八宝粥中，甚至单纯来当饮品喝，都是很好的滋养品。而利用红枣与桂圆煲煮出来的鸡汤既能养血安神，汤头更是甘甜，无论老少都很适合。

材料（4~6人份）

| 红枣 | 20颗 | | 盐 | 适量 |
| 桂圆干 | 40克 | | 米酒 | 2~3大匙 |
| 新鲜桂圆 | 15颗（可省略） | | 水 | 约浸没过整体食材即可 |
| 姜片 | 5片 | | | |
| 全鸡 | 1只（去掉鸡胸作为他用，去掉鸡皮以减少油脂） | | | |

1 将鸡肉切成适当大小，以开水汆烫至浮沫出现，再以清水冲洗至完全干净（5~10分钟，直到锅里和鸡肉表皮都没有浮沫为止，鸡汤便会相当清澈且甘甜）。

2 将洗净的鸡肉放入另一只装着冷水的汤锅中，加入姜片及米酒，盖上锅盖大火煮20分钟。

3 放入桂圆干、新鲜桂圆、红枣，盖上锅盖，汤滚后转小火，再煮20~30分钟。起锅前，放入适量盐调味。

### 健康食材——桂圆与红枣

桂圆，性味甘、平，归心、脾经，自古以来就被视为滋补佳品，能开胃益脾、养血安神，有助于儿童智力与心气的发展、舒畅。国内外科学家也发现桂圆肉内具有抗衰老的成分。

红枣，味甘性温，归脾胃经，可补中益气，改善小儿虚弱、食欲不振、睡不安稳等现象。

# 焖烧罐：山药红豆薏苡仁汤

红豆和薏苡仁可消水肿，具健脾胃、利水、去湿的功效。冬天的早晨若想来碗热乎乎的粥，前一晚只要把材料先放到焖烧杯里，隔天早上就有美味的山药红豆薏苡仁汤可享用了！

| 材 料（2人份） | |
| --- | --- |
| 山药 | 50克 |
| 薏苡仁 | 50克 |
| 红豆 | 50克 |
| 黑糖 | 约30克 |
| 开水 | 450克 |

1 将红豆与薏苡仁放入夹链袋中，放入冷冻库至少一晚。

### 健康食材——山药

　　山药可以生吃或熟食，除了能预防心血脂沉积、帮助肠胃消化之外，还具有调节身体抵抗力、预防乳癌的功效。此外，更能使皮肤光滑，自古以来，在中国、日本等地被广泛用来作为医疗食补。

2 山药去皮切丁后，与其他材料一起放入闷烧罐中，注满热水，盖上盖子预热5分钟。

3 倒出罐子中的热水，再加入450g的热水闷5~6小时。

4 加入黑糖，搅拌均匀后，再闷至少半小时，让粥入味。

☺ 在料理前，我会把红豆与薏苡仁放到冷冻库6~8小时，不但能有效缩短炖煮的时间，煮出来的红豆和薏苡仁也会更松软好吃。

# 黑糖玫瑰四物饮

生理期后是四物类饮品最佳的食用时机。平时不妨为自己准备一杯暖呼呼的黑糖玫瑰四物饮，暖身又养颜。

| 材料（3~4人份） | |
| --- | --- |
| 水 | 1000~1200毫升 |
| 四物 | 1帖 |
| 黑糖 | 80~100克 |
| 干燥玫瑰 | 8~10朵 |
| 干姜 | 6~8片 |

**健康食材——四物汤**

四物汤最早记载于宋朝医典《太平惠民和剂局方》中，被誉为妇人病的圣药。四物指当归、熟地黄、川芎及芍药，可调经止痛、疏肝解郁、补血益精，再加入黑糖及玫瑰亦能美白润肤、防止老化。

另外，坊间亦有四物汤方中添加人参及杜仲的产品（参仲四物汤），不但具备四物汤传统功效，更能有助于减轻疲劳，并消除经常性的腰酸背痛。

将水放入锅中煮开后，加入洗净的四物、干姜熬煮5~8分钟。加入黑糖及玫瑰，待汤水再度煮沸，即可关火。

☺ 除非因某些疾病需要，否则行经期间并不适合进补！

# 冰糖银耳百合红枣汤

莲子、百合是经常被搭配在一起食用的食材，不论是甜品甜汤，或是拿来煲汤煲粥等咸食，变化与应用很多，是我家常备的食材。若再与银耳、桂圆一起搭配，就是让这款小资版燕窝，营养价值全面提高的秘密武器。

### 健康食材——银耳

银耳有"穷人家的燕窝"之称。它含有钙、硫、磷、铁、镁、钾、钠、B族维生素等多种营养素，而其中的抗肿瘤多糖能增强免疫细胞的吞噬能力，是非常好的营养补给品。

中医认为银耳能养阴润肺、益胃生津、止血、补虚损，除了可改善便秘之外，还具有减轻久咳喉疗、月经不调、过劳所致的倦怠等功能。

| 材料（4~6人份） | |
| --- | --- |
| 冰糖 | 150克 |
| 水 | 1500毫升 |
| 银耳 | 30g |
| 红枣 | 15个 |
| 百合 | 1小把 |
| 枸杞子 | 1小把 |

1 银耳先以水泡软后去蒂，撕或切成适当大小。起一锅水氽烫百合（可去除生味，若使用干燥的百合，则需要跟白木耳一起事先泡软）。

2 将银耳放入锅中加入水，大火煮开后，盖上盖转小火煮1~2小时（依个人喜好调整，若喜欢带点浓稠胶质口感的，就炖久一点）。

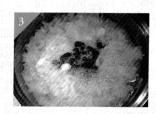

3 起锅前10~15分钟，再放入枸杞子、红枣、百合，放点儿冰糖调味（枸杞子若太早加入会带酸味，且口感软烂不佳）。

# 南瓜燕麦牛奶

这道3分钟就能完成的美颜活力早餐，冷热皆宜，我特别喜欢使用香气十足、质地又绵密的南瓜。升级版的喝法，可加入适量黑糖，再加些现打的奶泡撒上肉桂粉，喝起来的层次感会更丰富。

| 材料（3~4人份） | |
| --- | --- |
| 蒸熟带皮南瓜 | 300克 |
| 热鲜奶（或热豆浆） | 200克 |
| 燕麦片 | 2~3大匙 |
| 黑糖 | 适量 |
| | （请依照南瓜甜度跟个人喜好增减） |

将南瓜、热鲜奶、燕麦、黑糖一起放入果汁机中，打至细致浓稠状即完成。

ᵕ 南瓜可在前一天煮白饭时，切块一起放入电锅蒸。

ᵕ 打果汁前，将南瓜和鲜奶一起放入微波炉1.5~2分钟即加热完毕。

ᵕ 也可作为轻断食时的早餐，糖的部分则无须添加，反而更能喝出南瓜自然的甜味，甚至尝出淡淡的坚果香。

# 搭配运动计划，
## 让你健康加倍

　　直到生完小羽（我家老三）以后，我的体重彻底失守，离开医院到生产完快一年的时间内，破了自己三十几年来的纪录，体重从来没维持得这么平稳，连1克也没减少。

　　但回头一想，即便生完小比（我家老大）后的3个月就恢复到未当妈妈前的体重，穿上原有的衣服仍然感觉不对劲，体态就是没以前好看。直到开始恢复运动的习惯后才恍然大悟，除了体重机上的"数字"指标，"身体质量"和"身形"才是根本重点。身体的肌肉增加，赘肉自然消失，曲线才会漂亮。

　　许多研究指出，从事20分钟的高强度间歇训练，结束后24小时内消耗的热量比持续性运动要多。这是因为间歇训练会使身体达到极限，需要更多卡路里来恢复身体机能。

　　于是，除了固定强度的持续性运动（如游泳、骑脚踏车、快走、普拉提斯或身心平衡课程），以及有氧运动（如战斗有氧、尊巴）之外，还会搭配以下的高强度间歇性锻炼（健身房课程如杠铃有氧、半圆平衡球），好让运动面更完整。

　　全方位的运动可提高身体的肌耐力、锻炼好肌肉以及提高身体活动力，心肺功能也会随之提高。因此，在锱铢必较“千克数”的同时，必须赶紧搭配运动，让自己瘦得更加漂亮健康。

# 找回马甲线，拒当"小腹婆"

拥有马甲线是许多人渴望达到的健身目标，更是女生性感指数标的。还记得生完小羽（老三）大概快一年时，有次和小比（老大）一起洗澡，他问了我："妈咪，你又有baby了吗？"我纳闷地回答："没有啊！怎么了？"然后这小子便开始疯狂拍打我的"大腹"说："那我赶快帮你打一打，看能不能把肚子瘦回来，我喜欢瘦瘦的妈咪。"

腹肌训练其实重点不在于反复多少次，而是动作的正确性才是锻炼出腹部肌肉的真正秘诀。最常被拿来训练核心肌肉群的动作就是肘撑平板支撑，可锻炼腹肌、背肌，训练躯干定度，而且每天只要1~2分钟，持续1~2个月就能看出明显效果。

另一个躺在沙发或床上就能做的"剪刀脚"动作，不但能强化核心肌群，还能改善腰酸背痛。

在开始轻断食后，找回马甲线也是我立下的第一个目标

## 肘撑平板支撑

Step 1　身体朝向地面脚尖着地

Step 2　手肘置于肩的正下方、屈肘成90°，将身体撑起

依个人能力持续30秒至1分钟后休息，可做2～3组。记得要放松肩膀和颈椎，将注意力放在腹部收缩上。

## 剪刀脚

Step 1　平躺在床上或沙发上

Step 2　双手打直放在臀部下方

Step 3　双脚并拢，慢慢地往天花板的方向抬起

Step 4　腹部稍微用力撑起，让双脚打开停留在空中

Step 5　停留到你觉得腹部没力量支撑时，把两双脚并起来，慢慢地回到平躺的位置

Step 6　停留3~5秒稍作休息后，吐气往上，再接着做第二下，反复10~15次

加强版则是双脚回到水平的位置时，依旧保持离地10~15厘米，停留5~10秒再吐气往上

# 挥别蝴蝶袖，自信穿无袖

学生时代练球时，三头肌撑体就是训练手臂肌力的最高动作，只要一把椅子，不管在办公室、家里，甚至陪小孩在公园里玩耍时都能进行锻炼，花费的时间短，且雕塑手部曲线的效果又好。

锻炼前记得先做简单的暖身运动，把左手臂朝上伸直后往后弯，右手按住左手肘加压15秒，同样动作换右边再做，重复两个循环即可进行以下的锻炼。

## 三头肌撑体（Triceps Bench Dip）

Step 1　取一张椅子（高度约坐在上面时，大腿及小腿成90°者为佳），背对椅垫站好

Step 2　双手抓着椅垫边缘，屁股腾空，膝盖弯曲，慢慢地将身体降下到手肘成90°为止

Step 3　再慢慢往上撑起，直到双手可以打直

Step 4　每做8～12次后休息30秒，接着，再重复两组循环

### 三头肌伸展

　　记得在做这个动作时，手臂需要微微夹紧，以免手肘不自觉向外扩，而降低了锻炼的效果。也可以利用装满的矿泉水瓶（750毫升）作为哑铃，单手握紧后，向上伸直，然后手肘不动，前手臂慢慢往后伸展，以10～15次为一组，左右轮流做2～3组。

　　另外，还有一个雕塑手臂线条及拉扯侧腰身淋巴结瘦腰的动作。开始动作为上述的热身动作，把左手臂朝上伸直后往后弯，右手按住左手肘加压。接着，身体往右侧弯曲到自己的极限，停留5～10秒再回来。然后同样动作换边做，两边重复2～3次即可。

搭配运动计划，让你健康加倍

# 雕塑小蛮腰，摆脱"游泳圈"

　　腰部赘肉是产后妈妈们的痛，而腰围过大，更是许多医生要大家留意的健康警讯。借由仰侧卧腹肌可燃烧腰部脂肪、摆脱赘肉，而且这个动作很简单，无论是看电视躺在沙发上或睡前躺在床上，花上3~5分钟就可锻炼侧腰部两边的肌肉。

## 仰 卧 侧 腹 肌

Step 1　全身平躺后，双脚并拢屈膝往上举起，让大腿与小腿成90°

Step 2　右手抱住头，左手放在右侧腰部的位置

Step 3　上半身往前倾，让右手手肘往膝盖的方向前进

Step 4　感觉到侧腹在用力时，再往回躺下

———➡ 记得向上的时候吐气，往下的时候吸气

———➡ 每做10~15下后，换另一边

　　另外，还有一个平板支撑动作的变化——侧平板支撑，也是能锻炼到侧腰部肌肉的动作。

## 侧平板支撑

Step 1　侧躺后，腰部往上提起后，将全身重量集中在右手臂及右脚

Step 2　手臂与手肘成90°

Step 3　左手叉腰，让头部到脚成一直线，持续30秒至1分钟，然后换边再做，每次做2~3循环

靠墙深蹲可锻炼到大腿、小腿、臀部和核心肌肉群。想要拥有不下垂的翘臀也得靠这个动作持续地锻炼。

## 靠墙深蹲（wall sit）

Step 1　将臀部往后推至贴靠到墙壁，背挺直，身体往下蹲，脚跟贴紧地面，膝盖成90°弯曲

Step 2　双臂保持向外伸展以维持平衡。停顿30秒，然后站起身回到起始位置，可重复2~3组动作

进行这个系列间歇性高强度的运动时，一定要提醒自己别心急，慢慢做，效果才会出来，当肌肉收缩到最大限度时，动作要稍微停顿片刻以加强锻炼。再搭配有氧运动及5：2轻断食，既能燃烧体内脂肪、降低脂肪的摄取，还能增强脂肪下方肌肉的锻炼，你一定也能瘦得健康又美丽。

➝ 记得小腿要保持与墙壁平行，不要让膝盖向前超过脚趾。也不要让肩膀向前耸起

## 附录：食材热量表

### 主食类

| 种类 | 重量（克） | 热量（卡） | 种类 | 重量（克） | 热量（卡） |
|---|---|---|---|---|---|
| 白米饭 | 205 | 280 | 拉面 | 100 | 197 |
| 意大利肉酱面 | 248 | 330 | 乌龙面 | 100 | 360 |
| 白吐司 | 1片（约30克） | 75 | 寒天冬粉 | 100 | 6 |
| 全麦吐司 | 25 | 70 | 玉米 | 100 | 346 |
| 面条 | 100 | 330 | 玉米片 | 25 | 95 |
| 荞麦面 | 100 | 290 | 燕麦片 | 100 | 370 |

### 鱼肉海鲜类

| 种类 | 重量（克） | 热量（卡） | 种类 | 重量（克） | 热量（卡） |
|---|---|---|---|---|---|
| 虾 | 100 | 79 | 墨斗鱼 | 100 | 137 |
| 水煮鲔鱼罐头 | 100 | 97 | 牡蛎 | 100 | 84 |
| 白鱼 | 100 | 50 | 蛤蛎 | 100 | 91 |
| 三文鱼 | 100 | 139 | 羊里脊肉 | 100 | 231 |
| 火腿 | 100 | 105 | 鲭鱼 | 100 | 204 |
| 牛菲力 | 100 | 116 | 水煮蛋 | 2个（100克） | 154 |
| 猪里脊 | 100 | 104 | 蛋白 | 100 | 50 |
| 鸡胸肉（去皮） | 100 | 105 | 炒蛋 | 100 | 155 |
| 鸭胸（去皮） | 100 | 92 | 茶叶蛋 | 50 | 132 |

## 豆奶类

| 种类 | 重量（克） | 热量（卡） | 种类 | 重量（克） | 热量（卡） |
|---|---|---|---|---|---|
| 花生 | 100 | 561 | 红豆 | 100 | 310 |
| 核桃 | 100 | 693 | 绿豆 | 100 | 320 |
| 杏仁 | 100 | 613 | 鹰嘴豆 | 100 | 303 |
| 腰果 | 100 | 583 | 豆腐 | 100 | 70 |
| 榛果 | 100 | 660 | 全脂牛奶 | 100 | 60 |
| 黑豆 | 100 | 341 | 低脂牛奶 | 100 | 40 |
| 无糖杏仁奶 | 100 | 13 | 布丁 | 100 | 123 |
| 无糖豆浆 | 100 | 40 | 全脂优酪乳 | 100 | 66 |
| 松子仁 | 100 | 583 | 希腊优格 | 100 | 40 |
| 黄豆 | 100 | 325 | | | |

## 蔬菜类

| 种类 | 重量（克） | 热量（卡） | 种类 | 重量（克） | 热量（卡） |
|---|---|---|---|---|---|
| 芦笋 | 100 | 27 | 四季豆 | 100 | 25 |
| 豆芽菜 | 100 | 32 | 番茄 | 100 | 19 |
| 芥蓝 | 100 | 33 | 竹笋 | 100 | 19 |
| 胡萝卜 | 100 | 34 | 小白菜 | 100 | 15 |
| 花椰菜 | 100 | 32 | 豆苗 | 100 | 34 |
| 芹菜 | 100 | 8 | 丝瓜 | 100 | 20 |
| 玉米 | 100 | 70 | 南瓜 | 100 | 22 |
| 小黄瓜 | 100 | 10 | 苋菜 | 100 | 25 |
| 菇类 | 100 | 20~27 | 冬瓜 | 100 | 11 |
| 芥菜 | 100 | 26 | 卷心菜 | 100 | 22 |
| 洋葱 | 100 | 38 | 西生菜 | 100 | 12 |
| 甜椒 | 100 | 30 | 木耳 | 100 | 21 |
| 马铃薯 | 100 | 76 | 油菜 | 100 | 26 |
| 地瓜 | 100 | 93 | 节瓜 | 100 | 18 |
| 菠菜 | 100 | 25 | | | |

轻松享受美味轻断食餐

## 水果类（去皮净重）

| 种类 | 重量（克） | 热量（卡） | 种类 | 重量（克） | 热量（卡） |
|---|---|---|---|---|---|
| 苹果 | 100（中型） | 51 | 芒果 | 100 | 32 |
| 柳橙 | 100（中型） | 40 | 绿色葡萄 | 100 | 66 |
| 香蕉 | 100 | 103 | 橘子 | 100 | 31 |
| 荔枝 | 100 | 70 | 木瓜 | 100 | 40 |
| 樱桃 | 100 | 52 | 柠檬（黄） | 100 | 20 |
| 葡萄柚 | 100 | 30 | 莱姆（绿） | 100 | 12 |
| 杨桃 | 100 | 31 | 草莓 | 100 | 28 |
| 水梨 | 100 | 41 | 芭乐 | 100 | 33 |
| 凤梨 | 100 | 50 | 莲雾 | 100 | 32 |
| 西瓜 | 100 | 33 | 百香果 | 100 | 45 |
| 哈密瓜 | 100 | 29 | 火龙果 | 100 | 24 |
| 猕猴桃 | 100 | 55 | 枣子 | 100 | 43 |
| 水蜜桃 | 100 | 37 | 枸杞 | 100 | 313 |

**图书在版编目（CIP）数据**

轻松享受美味轻断食餐/萝瑞娜著. —沈阳：辽宁科学技术出版社，2017.7
ISBN 978-7-5591-0004-7

Ⅰ．①轻…　Ⅱ．①萝…　Ⅲ．①减肥—食谱　Ⅳ．①TS972.161

中国版本图书馆CIP数据核字（2016）第272635号

出版发行：辽宁科学技术出版社
　　　　　（地址：沈阳市和平区十一纬路25号　邮编：110003）
印　刷　者：辽宁一诺广告印务有限公司
经　销　者：各地新华书店
幅面尺寸：170mm×230mm
印　　张：14.5
字　　数：200千字
出版时间：2017年7月第1版
印刷时间：2017年7月第1次印刷
责任编辑：卢山秀
封面设计：魔杰设计
版式设计：袁　舒
责任校对：李淑敏

书　　号：ISBN 978-7-5591-0004-7
定　　价：49.80元

投稿与广告合作等一切事务
请联系美食编辑——卢山秀
投稿热线：024-23280258
邮购热线：024-23284502
联系QQ：1449110151